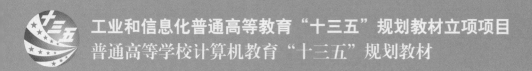

工业和信息化普通高等教育"十三五"规划教材立项项目

普通高等学校计算机教育"十三五"规划教材

Scratch
程序设计

Scratch Programming

江玉珍 王晓辉 邓清华 陆锡聪 朱映辉 编著

U0277633

大学
计算机系列

人民邮电出版社

北 京

图书在版编目（CIP）数据

Scratch程序设计 / 江玉珍等编著. -- 北京：人民邮电出版社，2020.7
普通高等学校计算机教育"十三五"规划教材
ISBN 978-7-115-53424-8

Ⅰ．①S… Ⅱ．①江… Ⅲ．①程序设计－高等学校－教材 Ⅳ．①TP311.1

中国版本图书馆CIP数据核字(2020)第031266号

内 容 提 要

本书全面讲解 Scratch 3.4 程序设计的相关知识和技术，内容包括程序设计入门、Scratch 编程基础、舞台与角色设计、Scratch 简单动画设计、键盘控制交互程序设计、鼠标控制交互程序设计、 Scratch 数学问题程序设计、Scratch 克隆方法程序设计、Scratch 音乐功能应用、Scratch 绘图功能应用、Scratch 体感功能应用、文字朗读与翻译功能应用等。

本书可作为普通高等学校非计算机专业计算机公共课的教材，以及师范院校、高职院校 Scratch 程序设计课程的教材，还可作为中学信息技术教育、培训机构及 Scratch 编程爱好者的参考书籍。

◆ 编　　著　江玉珍　王晓辉　邓清华　陆锡聪　朱映辉
　　责任编辑　张　斌
　　责任印制　王　郁　陈　犇
◆ 人民邮电出版社出版发行　　北京市丰台区成寿寺路 11 号
　　邮编　100164　　电子邮件　315@ptpress.com.cn
　　网址　https://www.ptpress.com.cn
　　北京捷迅佳彩印刷有限公司印刷
◆ 开本：787×1092　1/16
　　印张：12.5　　　　　　　　2020 年 7 月第 1 版
　　字数：270 千字　　　　　　2024 年 12 月北京第 10 次印刷

定价：69.80 元

读者服务热线：(010)81055256　印装质量热线：(010)81055316
反盗版热线：(010)81055315
广告经营许可证：京东市监广登字 20170147 号

前言
Preface

党的二十大报告提到：教育、科技、人才是全面建设社会主义现代化国家的基础性、战略性支撑。必须坚持科技是第一生产力、人才是第一资源、创新是第一动力，深入实施科教兴国战略、人才强国战略、创新驱动发展战略，开辟发展新领域新赛道，不断塑造发展新动能新优势。

当今社会，知识和技术的更新换代正不断朝着多样化和智能化的方向发展。在信息技术教学上，我们不仅要培养学生良好的信息素养及信息处理的能力，更要重视培养学生的逻辑思维能力、创新能力和问题解决能力，因为这些能力永远不会过时，并且可以使学生终身受益。

本书从培养计算思维能力的角度出发，采用 Scratch 3.4 版本的案例剖析程序设计原理并引导拓展应用方向，旨在让读者掌握更新、更全、更深的 Scratch 技术和方法，启发读者的逻辑思维能力和创新能力。

本书遵循循序渐进的教学规律，从程序设计基础知识入手，从解决实际问题的需求出发引申出各章的内容，并且注重案例的易读性、趣味性和启发性。

全书分为三部分，共 12 章，由浅入深地介绍了 Scratch 软件的开发方法。

第一部分包括第 1 章~第 3 章，介绍 Scratch 的相关基础知识，包括计算机程序设计基础、Scratch 的开发环境和基本的编程方法、Scratch 舞台和角色的运用，以及相关软件 Photoshop 和 PowerPoint 的辅助处理方法。

第二部分包括第 4 章~第 7 章，涵盖了 Scratch 中最常用、最基本的功能应用，包括常规动画设计、各种控制类和侦测类功能模块的应用，以及运用 Scratch 解决常见数学问题的编程方法等。

第三部分包括第 8 章~第 12 章，介绍了 Scratch 在版本升级过程中扩展的功能，包括克隆方法、音乐 / 绘图功能应用、声音 / 视频体感功能应用、文字朗读与翻译功能应用等。

本书是课程组老师多年教学研究经验的凝练和总结。本书由江玉珍主持编写并统稿，其中第 1 章~第 3 章、第 11 章由江玉珍编写，第 4 章~第 6 章由王晓辉编写，第 7 章~第 9 章由邓清华编写，第 10 章由陆锡聪编写，第 12 章由朱映辉编写。此外，本书在编写过程中还得到了黄伟、陈建孝、余晓春、李智敏、李思静、余洪、吴伟玲等老师的帮助和支持，在此一并表示感谢！

本书配备了完善的教学资源，主要包括教学课件、案例资源、制作素材、习题答案等，读者可登录人邮教育社区（www.ryjiaoyu.com）下载。

由于编者水平有限，书中难免存在疏漏及不足之处，恳请广大读者批评指正。

编　者

2023 年 8 月

目 录
Contents

第 7 章　Scratch 数学问题程序设计

第 8 章　Scratch 克隆方法程序设计

第 9 章　Scratch 音乐功能应用

第 1 章
程序设计入门

▶ **本章学习目标**

- 认识计算机程序，了解计算机程序的历史

- 了解计算机程序语言的分类

- 了解算法的作用和表示方法

- 掌握程序流程图的绘制方法

- 理解结构化程序设计的概念，掌握三种基本结构的表示方法

计算机程序（Computer Program）是由计算机编程语言编写的一组计算机能识别和执行的指令，可运行于电子计算机上，对特定数据进行计算及分析，以满足人们某种需求的信息化工具。

1.1.1 计算机程序的历史

众所周知，程序设计离不开计算机硬件设备的支持，但在人类研发计算机的漫长历程中，一开始并没有编程这个概念，直到查尔斯·巴贝奇（Charles Babbage）和分析机（Analytical Engine）理论的出现。以下是计算机程序设计发展史中一些重要的事件和人物的介绍。

1. 查尔斯·巴贝奇和分析机

英国发明家查尔斯·巴贝奇自 1834 年起一直致力于研制一种机械通用计算机，即分析机，如图 1.1 所示。分析机超前的计算、储存、输入 / 输出三项分离的设计，与今天的计算机并无二致。然而完整的分析机设计方案在当时还是太复杂了，以致巴贝奇人生的最后 30 年都耗在这个计划上却仍然没有取得成功。虽然最终没能实现，但从巴贝奇所提出的设计方案来看，分析机是世界上第一台概念上的可编程计算机。

图 1.1 查尔斯·巴贝奇和分析机部分组件的实验模型

2. 阿达·洛芙莱斯和世界上第一个程序

世界上第一个程序是 1842 年女伯爵阿达·洛芙莱斯（Ada Lovelace，英国著名诗人拜伦的女儿，见图 1.2）为巴贝奇的分析机而写的。

洛芙莱斯自 1834 年起参与巴贝奇分析机的研究，就看到了分析机巨大的潜力并产生了"可编程的计算机"的念头。后来她设计了一个基于分析机的解伯努利方程的程序，并描述了怎样把大量的巴贝奇分析机的穿孔卡片作为输入实现这个程序。她甚至创建了循环和子程序的概念，为计算拟定"算法"，并写了一份"程序设计流程图"。

洛芙莱斯对巴贝奇分析机的注释对计算机未来的发展起到了重要作用。因洛芙莱斯在程序设计上做出的开创性贡献，她被誉为是"世界上第一位程序员"。

3. 康拉德·楚泽与第一台可编程计算机

1936 年，德国工程师康拉德·楚泽（Konrad Zuse）（见图 1.3）首次设计完成了使用继电器的程序控制计算机 Z-1，这台计算机采用的是二进制，并且采用了巴贝奇分析机中提到的"穿孔带"结构来输入程序。1941 年，楚泽又制造了功能更强大的可编程计算机 Z-3，这台计算机总共设有 2000 个电开关，每秒能达到 3 ～ 4 次加法的运算速度，或者 3 ～ 5 秒完成一次乘法运算，是当时世界上水平最高的编程计算机。因为继电器有机械结构，所以楚泽的计算机还不算是完全的电子计算机。

图 1.2　阿达·洛芙莱斯

图 1.3　康拉德·楚泽

由于首次设计完成了使用继电器的程序控制计算机，楚泽也因此被称为现代计算机发明人之一。

4. 图灵与图灵机

1936 年，24 岁的英国皇家科学院研究员阿兰·图灵（Alan Turing）（见图 1.4）发表了一篇名为《论可计算数及其在判定问题中的应用》的论文。在论文中，他首先提出了一种以程序和输入数据相互作用产生输出的计算机构想，这是一种理想中的计算机构想，也就是著名的"图灵机"。因此，人们认为"通用计算机"的概念就是阿兰·图灵提出来的。

1947 年，图灵提出了自动程序设计的思想。1950 年，他的另一篇令世人震惊的论文《机器能思考吗》诞生了，图灵因此获得了"人工智能之父"的称号。

5. 神秘的第一台可编程电子计算机"Colossus"

第一台可编程电子计算机叫巨人（Colossus），如图 1.5 所示，是由图灵在第二次世界大战期间发明的，用于解读德国的恩尼格玛（Enigma）密码。由于该项工作严格保密，直到 20 世纪 70 年代，Colossus 才公布于众。

图 1.4　阿兰·图灵

图 1.5　可编程电子计算机"Colossus"

6. 冯·诺依曼与第一台通用电子计算机"ENIAC"

美籍匈牙利科学家冯·诺依曼（Von Neumann）（见图 1.6）在 1945 年提出"存储程序"的思想，即事先把计算机的执行步骤序列（即程序）及运行中所需的数据，通过一定方式输入并存储在计算机的存储器中。简单来说，就是事先把程序存储起来，待每次使用时直接调用程序即可。人们把这个理论称为冯·诺依曼理论。之后完善形成了冯·诺依曼体系结构。

世界上第一台通用电子数字积分计算机（Electronic Numerical Integrator And Computer，ENIAC）于 1946 年 2 月 14 日在美国宾夕法尼亚大学诞生，它每秒可进行 5000 次运算，如图 1.7 所示。ENIAC 的诞生举世瞩目，并由此拉开了电子计算机蓬勃发展的序幕。ENIAC 在设计过程中便采用了冯·诺依曼的"存储程序"思想。

从 ENIAC 诞生后到目前最先进的计算机绝大多数都采用的是冯·诺依曼体系结构，所以冯·诺依曼是当之无愧的"现代计算机之父"。

图 1.6　冯·诺依曼

图 1.7　电子数字积分计算机"ENIAC"

1.1.2　程序设计语言

程序设计语言通常也称为编程语言，是一组用来定义计算机程序的语法规则。它是一种被标准化的交流技巧，用来向计算机发出指令。计算机程序员可以运用某一种程序设计语言，准确地定义计算机所需要使用的数据，并能精确定义在不同情况下应当采取的操作。

程序设计语言按照使用的方式和功能可分为低级语言和高级语言。低级语言包括机器语言和汇编语言。高级语言包括面向过程程序语言、面向对象程序语言和可视化编程语言。

1. 计算机低级语言

（1）机器语言

机器语言（Machine Language）是直接用二进制编码指令表示的计算机语言，也就是机器指令的集合。它与计算机同时诞生，属于第一代计算机语言，其指令是由二进制数字（0和1）构成的代码，如图1.8所示。

（2）汇编语言

汇编语言（Assembly Language）也是面向机器的程序设计语言。在汇编语言中，用助记符（Memoni）代替操作码，例如用ADD代表相加、用MOV代表传递数据、用地址符号（Symbol）或标号（Label）代替地址码等，所以这种用符号代替机器语言的计算机语言也称为符号语言，如图1.9所示。

```
1011011100000111
1011100100000000
1011011000011000
1011001001001111
1100110100010000
1011010000000010
1011011100000000
1011011000000000
1011001000000000
1100110100010000
1011010000001001
1000110100010110
1100110100100001
1011010000001010
1000110100010110
```

图1.8 机器语言

```
START:  MOV AX, 0001H
        INT 10H
        MOV AX, DATA
        MOV DS, AX
        MOV ES, AX
        MOV BP, OFFSET SPACE
        MOV DX, 0800H
        MOV CX, 1000
        MOV BX, 0040H
        MOV AX, 1300H
        INT 10H
        MOV BP, OFFSET PATTERN
```

图1.9 汇编语言

2. 计算机高级语言

计算机高级语言的语法和结构类似英语的表达，更关键的是它不依赖于特定的计算机硬件结构与指令系统。用同一种高级语言编写的源程序，在不同的计算机上运行，一般都能获得相同的结果。

计算机高级语言完全采用了符号化的描述形式，用类似自然语言的表示描述对问题的处理过程，使得程序员可以认真分析问题的求解过程，不需要了解和关心计算机的内部结构和硬件细节，更易于被人们理解和接受。

（1）面向过程程序语言

面向过程程序语言（Procedure Oriented Language）也称为结构化程序设计语言，是高级语言的一种，如图1.10所示。在面向过程程序设计中，问题可看作是一系列需要完成的任务，函数则可帮助用户完成这些任务，解决问题的焦点集中于函数。它主要采用自顶向下、逐步求精的程序设计方法，使用三种基本控制结构构造程序，即任何程序都可由顺序、选择、循环三种基本控制结构构造。常见的面向过程程序语言有 C、COBOL、Basic、FORTRAN、Pascal 等。

（2）面向对象程序语言

面向对象程序语言（Object Oriented Language）是以对象作为程序基本结构单位的程序设计语言，如图 1.11 所示。

```
#include <stdio.h>
void main()
{ int n,m=0,k=0;
  scanf("%d",&n);
  while(m<n)
  {k++;
   m=m+k*k;
  }
  printf("The largest k is:%d\n",k-1);
}
```

图 1.10　面向过程程序语言

```
public class SquareC
 { static int square(int x)
   {int s;
    s=x*x;
    return(s);
   }
 }
 public static void main(String[] args)
 {int n=5;
  int result=square(n);
  System.out.println(result);
 }
```

图 1.11　面向对象程序语言

面向对象程序设计的基本特征如下。

① 封装性：封装性是指将对象相关的信息和行为状态捆绑成一个单元，即将对象封装为一个具体的类。封装隐藏了对象的具体实现，当要操纵对象时，只需调用其中的方法，而不用管方法的具体实现。

② 继承性：一个类继承另一个类，继承者可以获得被继承类的所有方法和属性，并且可以根据实际的需要添加新的方法或者对被继承类中的方法进行覆写，被继承者称为父类，继承者称为子类或导出类，继承提高了程序代码的可重用性。

③ 多态性：多态性是指不同的对象对同一事物而做出的相同行为，一个类可以指向其自身类和其导出类，一个接口可以指向其接口实现类，在方法参数中，使用多态可以提高参数的灵活性。

面向对象程序语言主要有 Java、Python、C++、Eiffel、Smalltalk 等。

3. 可视化编程语言

可视化编程语言（Visual Programming Language）是在高级语言基础上集成的模块化语言，实质上是指各种可以快速开发应用软件的高效率的软件工具的统称。

可视化编程语言的特点主要表现在两个方面。

（1）基于面向对象的思想，引入了控件的概念和事件驱动。

（2）程序开发过程一般遵循以下步骤，即先进行界面的绘制工作，再基于事件编写程序代码，以响应鼠标、键盘的各种动作。

可视化程序设计是一种全新的程序设计方法，它主要是让程序设计人员利用软件本身所提供的各种控件，像搭积木似地构造应用程序的各种界面，如图 1.12 所示。其最大的优点是设计人员可以不用编写或只需编写很少的程序代码，就能完成应用程序的设计，这样可以极大地提高设计人员的工作效率。

常见的可视化编程语言有 Visual Basic、Visual C++、Visual FoxPro、Delphi、Blockly、Scratch 等。

本书重点介绍的程序设计工具 Scratch 是一款由麻省理工学院（Massachusetts Institute of Technology，MIT）开发的可视化编程语言。编程者无须键入文本命令，因为各种指令和参数都已集成化为各种形状的积木，用鼠标拖动指令积木到脚本区进行拼接就可以实现程序设计，如图 1.13 所示。

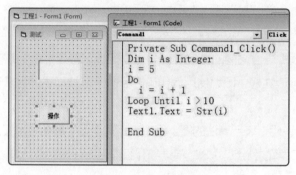

图 1.12　可视化程序开发

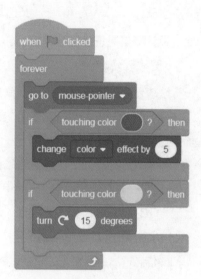

图 1.13　Scratch 程序

1.2　算法

算法（Algorithm）指的是解决特定问题的步骤和方法。算法代表用系统的方法描述解决问题的策略机制，也就是说它能够引导程序实现一定规范的输入，并在有限时间内获得所需求的输出。

1. 算法 + 数据结构 = 程序

Pascal 语言的创始人尼古拉斯·沃斯（Nicklaus Wirth）凭借着"算法 + 数据结构 = 程序"这一公式获得了 1984 年的图灵奖。该公式明确提出，"算法"和"数据结构"是程序的两个要素。算法设计是程序设计的一个重要的部分，数据结构是算法的操作对象，算法对编写程序起着关键的引导作用。

2. 算法特点

一般来说，一个算法拥有以下特点。

（1）有穷性：算法必须保证在执行有限步骤后结束。

（2）可行性：算法是确切可行的，即使在数学中，该算法可行，但若在实际应用中，程序不可以被执行，那么，该算法也是不具有可行性的。

（3）确切性：算法的每一个步骤必须具有明确的意义。

（4）输入：一个算法可以有 0 个或多个输入。

（5）输出：一个算法必须有 1 个或多个输出。

在学习计算机程序设计时，我们应该认识到，计算机编程语言是一种工具，只学习编程语言的规则是远远不够的。程序设计的最终目标是解决某些特定的问题，因此，比会运用编程语言更重要的是：会针对各种类型的问题拟定出有效的解决方法和步骤，即设计算法。有了正确而有效的算法，就可以利用任何一种计算机高级语言编写程序，让计算机进行工作并解决问题。因此，设计算法是程序设计的核心。

3. 算法表示

算法表示有很多不同的方法。常用的算法表示有自然语言、伪代码、流程图等。

（1）自然语言：人们日常使用的语言，可以是汉语、英语或其他语言。使用自然语言表示的优点是通俗易懂，缺点是文字冗长，容易出现"歧义性"。

（2）伪代码：用介于自然语言和计算机语言之间的文字和符号（包括数学符号）来描述算法。伪代码必须结构清晰、代码简单、可读性好，因为使用伪代码的目的是使被描述的算法可以容易地以任何一种编程语言实现。

（3）流程图：以特定的图形符号加上说明，表示算法的图。程序流程图用图的形式画出程序流向和操作顺序，具有直观、清晰、更易理解的特点。1.3 节将详细介绍程序流程图的设计方法。

1.3 程序流程图

程序流程图又称程序框图，是用统一规定的符号描述程序运行步骤的图形表示。程序流程图的设计是在处理流程图的基础上，通过对输入 / 输出数据和处理过程的详细分析，将计算机的主要运行步骤和内容标识出来。程序流程图是进行程序设计的基本依据，因此它的质量直接关系到程序设计的质量。

程序流程图是人们对解决问题的方法、思路或算法的一种描述。

1.3.1 框图符号及流程图绘制规则

1. 框图符号

程序流程图的框图符号主要包括起止框、输入 / 输出框、处理框、判断框、流程线、连接点、注释框等。具体的框图符号及功能如表 1.1 所示。

表 1.1   **程序流程图的框图符号**

框图符号	名称	功能
（圆角矩形）	起止框	表示一个算法的起始和结束
（平行四边形）	输入 / 输出框	表示算法的输入和输出信息

续表

框图符号	名称	功能
▭	处理框	表示计算和赋值
◇	判断框	逻辑条件，判断一个条件是否成立
↓　↓	流程线	用来连接各框图符号，表示流程的路径和方向
○	连接点	用来连接算法框图的两个部分
⌐	注释框	用来对流程图中的某些操作进行必要的补充说明

2. 程序流程图的绘制规则

程序流程图的绘制规则如下。

（1）使用标准的框图符号。

（2）流程图一般按从上到下、从左到右的方向画。

（3）起止框必不可少，表示算法的开始和结束。

（4）符号框内的文字要简洁明了。

（5）判断框只有一个进入点，但有两个退出点（Y和N）；其他符号框只有一个进入点和一个退出点。

图 1.14 所示就是一个完整的程序流程图，它表示了一个"求 a、b 中的最小公倍数"的算法。

3. 程序流程图的优点

综上所述，程序流程图的优点如下。

（1）采用简单规范的符号，画法简单。

（2）结构清晰，逻辑性强。

（3）便于描述算法步骤，使算法更容易理解。

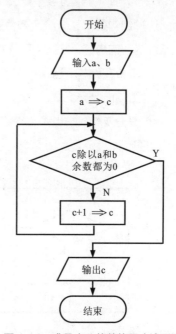

图 1.14　求最小公倍数的程序流程图

1.3.2　结构化程序设计和三种基本结构

1. 结构化程序设计

结构化程序设计强调程序设计风格和程序结构规范化，提倡清晰的结构。结构化程序的方法包括：自顶向下；逐步细化；模块化设计；结构化编码。

具体表示为：使用顺序、选择（分支）、循环三种基本控制结构构造程序；把一个复杂问题的求解过程分阶段进行，每个阶段处理的问题都控制在人们容易理解和处理的范围内；以模块化设计为中心，将待开发的软件系统划分为若干个相互独立的模块，这样使完成每一个模块的工作变得单纯而明确，为设计一些较大的软件打下了良好的基础。

任何复杂的算法，都可以由顺序结构、选择（分支）结构和循环结构这三种基本结构组成，因此，构造一个算法的时候，也仅以这三种基本结构作为"建筑单元"。这三种基本结构的共同特点是只允许有一个流动入口和一个出口，遵守三种基本结构的规范，能使算法结构清晰，易于正确性验证，易于纠错，这就是结构化方法。遵循这种方法的程序设计，就是结构化程序设计。

2. 三种基本结构

相应地，只要规定好三种基本结构的流程图的画法，就可以画出任何算法的流程图。

（1）顺序结构

顺序结构是简单的线性结构，各框图按顺序执行。其流程图的基本模型如图 1.15 所示，语句的执行顺序为：A→B→C。

（2）选择（分支）结构

这种结构是对某个给定条件进行判断，条件为真或假时分别执行不同的框的内容。其基本形状有两种：单分支结构和双分支结构。

① 单分支结构：当条件 P 为真时，执行 A，否则不执行，其结构如图 1.16 所示。

② 双分支结构：当条件 P 为真时，执行 A，否则执行 B，其结构如图 1.17 所示。

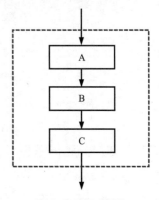

图 1.15　顺序结构

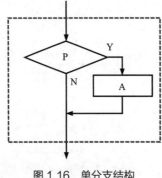

图 1.16　单分支结构

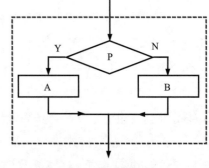

图 1.17　双分支结构

以上基本的选择结构又可以衍生出更多选择的判断结构，当执行体 A 或 B 中又存在条件判断时，就构成了多分支选择结构。

（3）循环结构

循环结构有两种基本形态：当型循环（也称 while 型循环）和直到型循环（也称 until 型循环）。

① 当型循环：其执行序列为，当循环条件 P 为真时，反复执行 A，一旦条件为假，跳出循环结构，执行后面的语句，其结构如图 1.18 所示。

② 直到型循环：其执行序列为，首先执行 A，再判断循环条件 P，P 不为真时，一直循环执行 A，一旦条件为真，结束循环，执行循环后的下一条语句，其结构如图 1.19 所示。

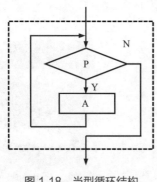

图 1.18 当型循环结构

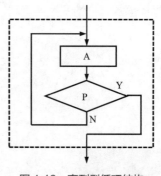

图 1.19 直到型循环结构

以上简单的循环结构又可以衍生出更多复杂的循环结构，当执行体 A 中又存在循环处理时，就构成了多层嵌套的循环结构。

3. 三种基本结构的共同特点

流程图三种基本结构的共同特点如下。

（1）只有一个入口。

（2）只有一个出口。

（3）结构内的每一部分都有机会被执行到。

（4）结构内不存在"死循环"。

流程图三种基本结构并不受限于某一种程序语言，学习者在使用任何一种程序语言实现算法时，应该树立和养成这种结构化程序设计理念和习惯，因为这样编写的程序结构清晰、便于阅读，也易于正确性验证和纠错调试。以下用 Scratch 为例说明三种基本结构的应用。

1.3.3 Scratch 程序设计的三种结构

1. 顺序结构

在 Scratch 程序中，这种命令积木自上而下拼接，执行时也是一行行顺序向下实现，中间没有任何跳转的结构，这就是顺序结构，如图 1.20 所示。

2. 选择结构

Scratch 在控制类积木中提供了单分支选择结构、双分支选择结构，分别如图 1.21 和图 1.22 所示，在两种结构中"如果"后面的六边形框就是一个逻辑判断类积木，用于放入判断条件。

单分支选择结构：条件成立，就执行该结构的中间命令；条件不成立则不执行。

双分支选择结构：条件成立，就执行该结构中"否则"上面的命令积木；条件不成立则执行"否则"下面的命令积木。

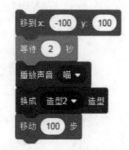

图 1.20 顺序结构
程序段

如果在一个选择结构里再置入另一个选择结构，就可以构成多分支选择结构，图 1.23 就是一种多分支选择结构。多分支选择结构的表示方法灵活多样，使用者可根据问题的具体情况灵活运用。

图 1.21　单分支选择结构　　　图 1.22　双分支选择结构　　　图 1.23　多分支选择结构

3. 循环结构

循环结构就是不断重复执行某些命令，Scratch 也提供了直到型循环结构、限定次数的循环结构、无限循环结构，分别如图 1.24 ～图 1.26 所示。其中，无限循环结构没有退出的条件，一般用来为某个角色对象赋予指定的重复动作。

将一个单层的循环结构置入另一个单层的循环结构中就可以构成双层循环结构，如图 1.27 所示，甚至还可以再构造成多层循环结构以解决更复杂的问题。

图 1.24　直到型循环结构　图 1.25　限定次数的循环结构　图 1.26　无限循环结构　图 1.27　双层循环结构

学习程序设计重在活学活用，我们要牢记程序的三种基本结构：顺序、选择、循环，并在算法实现时灵活运用这三种结构对问题进行求解，即可更好、更快地完成目标任务。

1.4　算法的程序实现

算法设计的目的是更好地引导程序功能的实现。在同一个问题的解决办法上可以有不同的算法，而同一个算法又可以用不同的编程语言实现。图 1.14 所示的流程图表示"求 a、b 中的最小公倍数"的一种算法，对该算法，既可以用 C 语言编写程序，也可以使用 Scratch 可视化程序设计实现。图 1.28 所示是用 C 语言编写的"求最小公倍数"的程序和运行情况，图 1.29 所示是用 Scratch"求最小公倍数"的程序和运行情况。

```
1   #include<stdio.h>
2   int main()
3   { int a,b,c;
4     printf("输入两个数: ");
5     scanf("%d%d",&a,&b);
6     c=a;
7     while(!(c%a==0&&c%b==0))
8       c++;
9     printf("两者的公倍数是%d",c);
10    return 0;
11  }
```

图 1.28　C 语言"求最小公倍数"程序

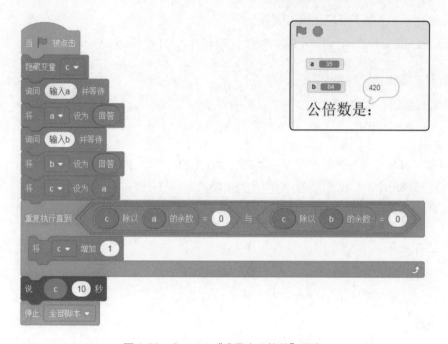

图 1.29　Scratch"求最小公倍数"程序

课后习题

一、选择题

1. 以下不属于计算机高级语言的是（ ）。

　　A. Basic、Scratch　　　　　　　B. C、C++

　　C. 机器语言、汇编语言　　　　　D. 面向过程语言、面向对象语言

2. 算法的特征不包括（ ）。

　　A. 有穷性　　　B. 可行性　　　C. 确定性　　　D. 有 1 个或多个输入

3. 程序设计的三种基本结构是（　　）。

    A. if、while 和 for

    B. switch、do-while 和 for

    C. while、do-while 和 for

    D. 顺序结构、分支结构和循环结构

4. 算法的有穷性是指（　　）。

    A. 算法必须包含输出

    B. 算法中每个操作步骤都是可执行的

    C. 算法步骤必须有限

    D. 以上说法都不正确

5. 以下（　　）不属于可视化编程语言。

    A. Scratch   B. Visual Basic   C. 汇编语言   D. Delphi

6. 计算机能直接运行的程序是（　　）。

    A. 高级语言程序

    B. 自然语言程序

    C. 机器语言程序

    D. 汇编语言程序

7. 能够把高级语言编写的源程序翻译成目标程序的系统软件叫（　　）。

    A. 解释程序   B. 汇编程序   C. 翻译程序   D. 编译程序

8. 下列叙述中，不属于结构化程序设计方法的是（　　）。

    A. 自顶向下，逐步细化

    B. 模块化设计

    C. 自由编码但讲究技巧

    D. 结构化编码

二、简答题

1. 什么是计算机程序？你所熟知的计算机程序有哪些？

2. 计算机程序语言的发展经过了哪几个阶段？可视化编程语言的优点是什么？

3. 什么是算法？算法的作用是什么？算法具有什么特点？

4. 尝试使用程序流程图的算法表示方法，画出"求两个数的最大公约数"问题的流程图。

第 2 章
Scratch编程基础

▶ **本章学习目标**

- 认识 Scratch

- 了解 Scratch 的由来和发展情况

- 掌握 Scratch 3.4 在线版和离线版的启动方法

- 熟悉 Scratch 3.4 的编程界面

- 了解 Scratch 3.4 的编程特点

- 了解不同形状积木的用法

2.1　什么是 Scratch

　　Scratch 是一款由美国麻省理工学院设计开发的、面向编程初学者的积木式编程工具，其特点是功能丰富、易学易用。Scratch 的使用者不必熟记程序语言的语法，也不必使用键盘输入程序代码，因为构成程序的命令和参数都表示成积木。Scratch 搭建程序的方法就是用鼠标拖动指令积木到脚本区进行拼接，以实现程序设计的目标。

　　Scratch 首个版本在 2007 年发布，是麻省理工学院的米切尔·瑞斯尼克（Mitchel Resnick）教授在早期的"绘图式"编程语言 LOGO 的影响下，推出的更先进的面向青少年的编程语言。2013 年，可直接在网络浏览器中在线操作的 Scratch 2.0 版本发布，其增加了克隆积木、Lego 和 Makey Makey 拓展积木。2019 年 1 月，Scratch 3.0 正式版本发布，3.0 版本采用 HTML5 的页面技术，支持横式和直式的图形式程序撰写，可以在 iOS 或 Android 手机、平板及台式机跨平台使用。此外，Scratch 3.0 增加了视频侦测、文字朗读、翻译等选择性下载扩展积木，还可以更好地支持外部硬件模块，除 Makey Makey 外，还能够与 Micro:bit、WeDo 2.0 机器人、乐高 EV3 机器人等进行交互。2019 年 8 月推出的 Scratch 3.4 在 3.0 基础上扩增了对中文文字朗读和翻译的支持，且 Scratch 3.4 还支持 23 种语言的文本朗读和 48 种语言的相互翻译。

　　Scratch 的下载是完全免费的，开发组织除了保留对"Scratch"名称和"小猫"Logo 的权利外，公布了源码，并允许任意修改、发布、传播。目前已经有不少改进的版本在网上流通，本书对 Scratch 的介绍及教学是基于 Scratch 3.4 版本的。

　　要学好 Scratch 编程，首先要认识"舞台""角色"和"脚本"这几个概念，并了解它们之间的关系。

　　（1）舞台：Scratch 展示角色、运行程序的地方。舞台的显示效果主要由角色和舞台背景构成，Scratch 可以事先为舞台准备多个背景，并根据需要通过程序（脚本）随时更换舞台背景。

　　（2）角色：角色相当于在舞台上演出的各色演员。角色可以在舞台上做各种动作，也能够跟其他的角色互动，一个角色可以有多个造型，造型决定了角色的外观。

　　（3）脚本：脚本就是 Scratch 的程序。Scratch 的程序脚本是基于角色或背景制作的，即每个角色或背景，都可以为其设计脚本，用于完成特定的动作功能。

　　如果说编程是设计一场"演出"，那么角色就是参与表演的各色"演员"，舞台就是所有角色活动的地方，而脚本则是引导角色表演的"剧本"。

2.2　Scratch 3.4 的下载与安装

　　Scratch 3.4 有在线版和离线版两种，使用者可以选择其中一种来学习和使用。

2.2.1 在线版 Scratch

用户只需在网页浏览器中输入 Scratch 官方在线平台网址或通过搜索引擎检索，就可以进行在线 Scratch 编程，如图 2.1 所示。使用在线版的好处是无须进行软件下载和安装，缺点则是需要在连网状态下才能使用。

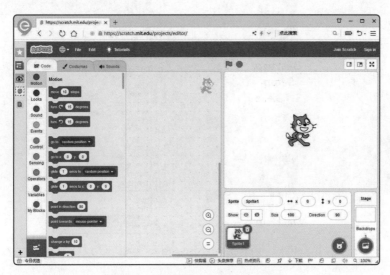

图 2.1　在线版的 Scratch 3.4 界面

2.2.2 离线版 Scratch

离线版 Scratch 3.4 可以在 Malavida 网站下载，如图 2.2 所示。安装程序约 170MB，如图 2.3 所示，安装后，桌面上会生成图 2.4 所示的启动图标，鼠标双击打开软件，其界面与在线版的一样。

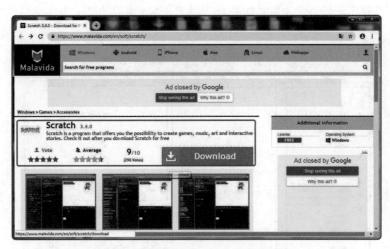

图 2.2　离线版 Scratch 3.4 安装程序下载

2.2.3 中文显示模式设置

Scratch 默认的界面文本是英文界面，Scratch 软件内部已内置了多国语言，无论是在线版还是离线版，均可以转换成中文版本。设置方法是：单击界面左上角"菜单栏"中的"小地球"图标 ，在下拉菜单中选择倒数第二项"简体中文"（见图 2.5），软件即可转换成中文版，且一次设置之后，以后打开软件都会自动默认为中文版。

图 2.3　Scratch 3.4 安装程序

图 2.4　Scratch 3.4 桌面启动图标　　图 2.5　中文显示模式的设置

2.3　初识 Scratch 编程界面

2.3.1　编程界面的功能区划分

图 2.6 所示是 Scratch 3.4 中文版的默认界面，界面窗口除了上方的菜单栏外，还包括 5 个区：积木区、脚本区、舞台区、角色区和背景区。

图 2.6　Scratch 3.4 默认界面

2.3.2　功能区介绍

1. 菜单栏

在菜单栏上，除了前面介绍过的"小地球"图标用于转换不同语言版本外，还有"文件""编辑"和"教程"三个菜单项。

（1）"文件"菜单具有"新作品""从电脑中上传"和"保存到电脑"三个选项，如图 2.7 所示。这三个选项可分别进行"新建 Scratch 程序""打开一个已有程序"和"保存当前程序"三种操作。

（2）"编辑"菜单中只有一个可选项"打开加速模式"，如图 2.8 所示，该选项的作用是提高正在运动的对象的运动速度。举个简单的例子，设置角色"小猫"的脚本，即让"小猫"不停地重复执行"移动 1 步"。在普通模式下，单击"小绿旗"运行程序时，可以看到"小猫"一点点匀速地向右边移动过去。而当选择了"编辑"菜单中的"打开加速模式"后，会在舞台上方显示"加速模式"，如图 2.9 所示。此时再单击"小绿旗"运行程序时，"小猫"立刻就出现在舞台右边缘处，没有显示中间"移动"的过程，这就是"加速模式"。

此外，"加速模式"也有快捷的操作方法：按住"Shift"键，同时鼠标单击"小绿旗"，同样可以将舞台切换成图 2.9 所示的"加速模式"。在"加速模式"下，还要再一次单击"小绿旗"才能运行程序。

图 2.7　文件菜单

图 2.8　编辑菜单

图 2.9　加速模式运行状态

（3）最后一个菜单项是"教程"，鼠标单击"教程"会弹出"选择一个教程"对话框，如图 2.10 所示。其中包含了 Scratch 系统提供的 22 个案例的教学视频，用户可以选择感兴趣的案例进行观看。

图 2.10　选择教程对话框

2. 舞台区

舞台区是 Scratch 创作和演示程序的场
地，也是反映程序执行效果的地方。Scratch
默认的舞台区中间有一只"小猫"，它既是
Scratch 的 Logo 标记，也是一个角色。舞
台区左上角有程序运行按钮（小绿旗）和
程序结束按钮（红色圆形按钮），右上角有
调整舞台比例和全屏模式放映的按钮，如图
2.11 所示。

图 2.11 舞台区

3. 角色区

角色区也称角色列表区，是添加、删除、导出、复制角色和修改当前角色显示属性的地方。
该区域上方可以修改当前角色名称、设置角色默认位置（x 值和 y 值）、显示状态（显示或隐藏）、
大小和默认方向。

（1）添加角色

在角色区的右下角有一
个"添加角色"按钮，将
鼠标指针停留其上时会弹出菜
单，通过选择"上传角色""随
机""绘制"和"选择一个角色"
等方式可以添加新角色，如图
2.12 所示。其中各选项功能
如下。

① 上传角色：打开"打
开"对话框，让用户选择
一个外部图片作为新角色，

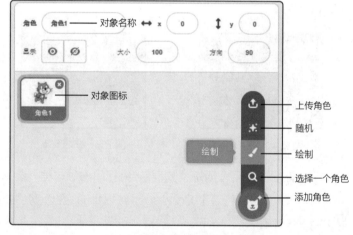

图 2.12 角色区

Scratch 支持的格式有".svg"".png"".jpg"".jpeg"".sprite2"".sprite3"".gif"等。其
中".sprite2"和".sprite3"是 Scratch 特有的角色文件格式，可通过角色的"导出"功能获得。

② 随机：由系统随机导入一个内部的角色。

③ 绘制："代码区"会切换成空白"造型区"让用户绘制角色，具体方法见本书第 3 章。

④ 选择一个角色：打开"选择一个角色"对话框，如图 2.13 所示，里面是系统提供的
大量角色，用户可以自由选择，也可以通过上方的"搜索"输入框或"类型"选项进行选择。

（2）导出角色

在角色区某个角色上单击鼠标右键，选择"导出"选项，可以将该角色导出为".sprite3"
文件，如图 2.14 所示。若操作的软件版本是 Scratch 2.0，则导出为".sprite2"文件。如果

一个角色是具有多个造型的，则导出文件后，通过"上传角色"再导入 Scratch 时，新角色也是一样的多个造型。通过这个方法，可以实现不同程序里的角色互用。

图 2.13　"选择一个角色"对话框

图 2.14　将当前角色导出为".sprite3"文件

（3）删除角色

在角色区，删除一个角色的方法有以下两种。

① 单击角色图标令其为当前角色（蓝色外框显示），在图标右上角单击"×"小按钮即可删除角色，如图 2.15 所示。

② 在角色图标上单击鼠标右键，选择"删除"选项，也可以实现角色删除。

（4）复制角色

在角色区某个角色上单击鼠标右键，选择"复制"选项可实现角色复制，如图 2.16 所示。系统会自动为复制生成的新角色命名，如原角色为"Apple"，则复制生成的新角色默认名称为"Apple2""Apple3"等。

特别说明的是，当角色本身已编写好脚本程序时，复制角色后，新生成的角色也具有相同的脚本程序。也就是说，复制角色时，造型和代码均会被复制。

图 2.15　删除角色小按钮

图 2.16　角色的复制

4. 背景区

背景区也称背景列表区，是添加、删除舞台背景的地方。Scratch 默认的舞台背景是白色的，背景区下方有一个"添加背景"按钮●，将鼠标指针停留其上时会弹出菜单，通过"上传背景""随机""绘制"和"选择一个背景"等方式可以添加新背景，具体如图 2.17 所示。当单击"绘制"选项时，"代码区"会切换成空白"背景区"让用户绘制背景，方法见本书第 3 章。单击"选择一个背景"选项时，会打开"选择一个背景"对话框，如图 2.18 所示，里面是系统提供的大量背景，用户可以自由选择，也可以通过上方的"搜索"或"类型"方法进行选择。

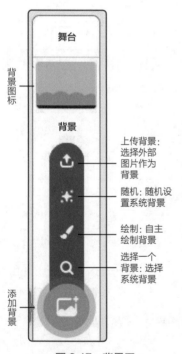

图 2.17　背景区

图 2.18　"选择一个背景"对话框

5. 积木区

积木区包含"代码""造型""声音"3 个分页栏，用于切换该区域的功能，下面分别介绍它们的功能。

（1）代码区

代码区包含编程用的所有功能积木，Scratch 默认的命令积木块有 100 多块，既能控制角色的运动和外观，又能播放声音，还能进行数学和逻辑运算。此外，其强大的扩展功能还提供了制作音乐、绘制图案、翻译文字、朗读文字、视频侦测等积木，以及能和外部硬件进行互动的积木、操作乐高机器人的积木等。

如图 2.19 所示，代码区的左侧是积木类型栏，各种颜色的小圆圈按钮分别表示各种常用的"积木类型"，即"功能模块"，主要包括运动、外观、声音、事件、控制、侦测、运算、变量和自制积木 9 类模块。积木类型栏下方有一个"添加扩展"按钮█，单击该按钮能添加许多扩展的功能模块。

由图 2.19 可以看出，Scratch 使用不同的颜色表示不同功能类型的积木，如"运动"类的积木全部是蓝色的，"事件"类的积木全部是黄色的。这些颜色也体现在积木类型栏中各类型小圆圈按钮的颜色上，这种颜色上的区别为使用者阅读程序或选择命令积木带来了极大的便利。

"代码区"右侧是一个命令积木列表，用户在积木类型栏选择一种积木类型，如"事件"，则命令积木列表会自动滚动至"事件"积木区。在 Scratch 3.4 中，各类型积木按顺序排列成一个长长的积木列表，如果用户熟悉各种积木的排列顺序，也可以直接拖动列表右侧的滚动条来选择想要的积木。

各种类型的积木具体有什么样的功能，我们将在后续内容中分别介绍，这里继续介绍 Scratch 3.4 的界面。

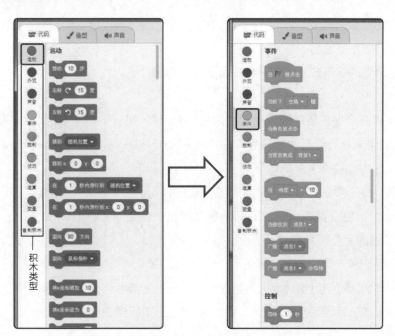

图 2.19　代码区的积木分类

（2）造型区

造型区的功能是创建或修改当前角色的造型。图 2.20 所示就是造型区，造型区中提供了很多工具可以编辑角色造型，还可以快速生成角色的新造型。

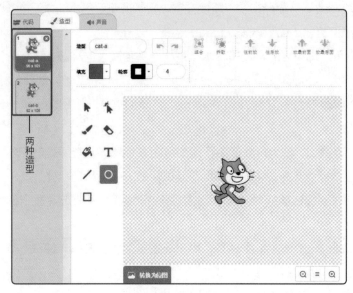

图 2.20　造型区

① 角色造型

在 Scratch 中，一个角色可以有多个造型。快速用鼠标轮流单击"造型 1"和"造型 2"，可以看到舞台区中的小猫就像在原地走路的样子。造型可以理解为生活中我们拍照时摆出的姿势，不同姿势的切换就是造型切换。多个造型的设计让角色显得更生动有趣，程序中可以根据需要指定角色要显示的造型。

关于角色造型的编辑方法，本书会在第 3 章中详细介绍。

② 角色中心点

造型区中有一个很重要的概念就是"角色中心点"，如图 2.21 所示，当框选整个"小猫"图案并向左移动一段距离后，在造型区中心位置上就可以看到一个灰色的⊕标志，这个标志就是"角色中心点"，它有以下两个重要的作用。

图 2.21　角色中心点

● 标识一个角色造型的坐标点，即角色在舞台上的坐标位置指的就是该角色中心点的位置。

● 作为角色旋转、缩放时的参照点。

造型区中角色图案与其中心点的位置关系对于角色的舞台效果有一定影响，关于角色中心点的具体用法，本书会在后面应用到"角色中心点"时进行详细介绍。

（3）声音区

用户在声音区可以为当前角色添加或编辑声音，如图 2.22 所示。Scratch 中一个角色同样可以拥有多个声音，程序中可以根据需要指定播放某个声音。一些系统角色本身就已配有声音，如"小猫"，打开其声音区，可以看到一个命名为"喵"的声音，单击其声音播放按钮（蓝色三角形），"小猫"会发出"喵"的一声。

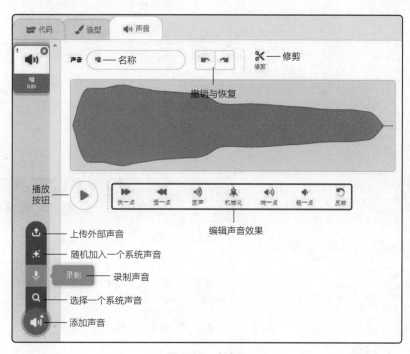

图 2.22　声音区

声音区提供的功能如下。

① 为当前声音命名。

② 操作"撤销"与"恢复"。

③ 声音的"修剪"。

④ 声音特效编辑：包括"快一点""慢一点""回声""机械化""响一点""轻一点""反转"等修改功能。

其中，选择右上方的"修剪"功能时，声音波形区两端出现红色的裁切区，如图 2.23 所示，用户可以通过拖动裁切区边界线来调整音频两端的裁切位置，最后单击上方的"保存"按钮保留中间非裁切区的声音。

此外，"声音区"左下角有一个"添加声音"按钮 ⒊，如图 2.22 所示，鼠标指针停留在它上方时会弹出"上传外部声音""随机加入一个系统声音""录制声音"和"选择一个系统声音"菜单，用户可以自主选择一种添加声音的方法，当上传外部声音时，Scratch 能支持的声音格式是".wav"和".mp3"。其中，单击"录制"选项会弹出一个"录制声音"面板，如图 2.24 所示，用户可以录制自己的声音，进行角色的配音创作。"选择一个声音"面板中展示了导入的系统声音，如图 2.25 所示，并提供非常多种类的声效选择，只要鼠标指针置于某声音图标上，就可以听到该声音的效果。

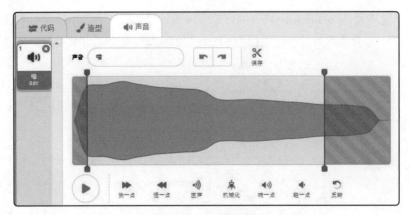

图 2.23　声音修剪图

图 2.24　录制声音

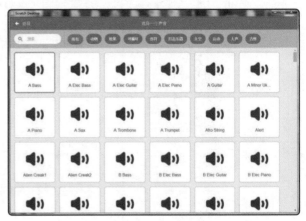

图 2.25　系统声音选择

6. 脚本区

　　脚本区即编程区，用户可以在这里编写角色和背景的程序脚本，实现角色的动作功能。用 Scratch 编写程序脚本的方法：在左侧"代码区"中选择需要的命令积木，用鼠标将其拖曳至脚本区，设置好积木中的参数，并将各积木按执行顺序进行上下拼接或嵌套拼接，这样拼装而成的大积木块组合就是具有特定功能的程序脚本了。

　　脚本区中，堆叠积木（见 2.4 节的说明）距离比较接近时会自动拼接在一起。如图 2.26 所示，这几块拼接在一起的积木就是角色"小猫"的程序脚本，表示"当单击小绿旗时，角色会移动 100 步，然后右转 90°，再移动 100 步"。图 2.27 所示是当前背景的程序脚本，它表示：当单击小绿旗时，该背景将播放一首名为"music"的音乐（前提条件是要在该背景的"声音区"中先添加"music"外部音乐）。

　　脚本区还有以下几种操作方法。

　　① 在拼接好的程序段上，用鼠标拖曳某一块积木就可移动以该积木为首的下方程序段。

　　② 在拼接好的程序段上，在某一块积木上单击鼠标右键并选择"复制"，就会复制以该积木为首的下方程序段，如图 2.28 所示。

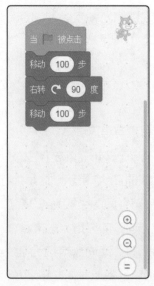

图 2.26 "小猫"的程序脚本

图 2.27 背景程序脚本

③ 用户可以从代码区中拖曳任何积木放置于脚本区中，这些零散的积木可能本身不影响角色程序脚本的运行，但会对有用程序的阅读造成干扰。所以，对于用不到的积木，编程者最好将其移除，让脚本区简洁直观。移除脚本区积木的方法是：按住鼠标左键将积木或程序段向左拖曳至积木区后松开，该积木或程序将会消失。

④ 脚本区右下角有 3 个小按钮，分别表示"放大显示""缩小显示"和"默认显示"，可以让用户放大或缩小脚本区所有积木的显示效果。

⑤ 按住鼠标左键将脚本区某一程序段拖曳至角色区某一角色图标上后松开，即可将该程序段复制到所选角色中，如图 2.29 所示。

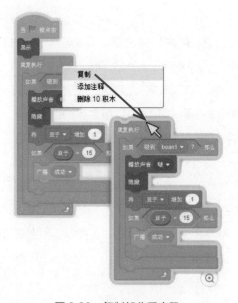

图 2.28 复制部分程序段

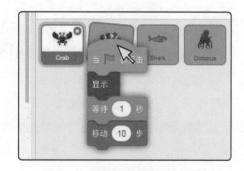

图 2.29 复制程序段至其他角色中

$$\boxed{\text{2.4 Scratch 编程方法入门}}$$

在正式编写 Scratch 程序之前，学习者需要了解 Scratch 程序的特点及一些功能积木的用法，这样可让以后的工作开展得更加顺利。

（1）一个角色或一个背景可以有多段程序脚本，也可以没有程序脚本。

（2）Scratch 舞 台 区 的 坐 标 范 围 是：x 方 向 为 −240~240，y 方 向 为 −180~180。（−240，−180）是舞台左下角，（240,180）是右上角，如图 2.30 所示。这里坐标使用的单位是"步"，即舞台宽度是 480 步，高度是 360 步。舞台正中间的坐标为（0,0），从舞台中心出发，x 轴向右是正方向，向左是负方向；y 轴向上是正方向，向下是负方向。

（3）角色默认的运动方向是"面向 90 度"，即 x 轴向右。面向角度设为 0° 或 360°，表示角色方向向上；−90° 或 270° 则角色方向向左；180° 则角色方向向下。角色的方向如图 2.31 所示。

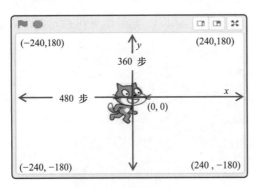

图 2.30　舞台的坐标

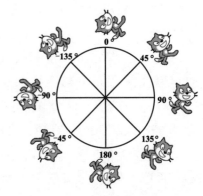

图 2.31　角色的方向

（4）角色或背景的功能代码一般通过事件触发或消息触发，即由 ▱ ▱ 这样上端为弧形的积木块开始。这类形状的积木也称为"帽子积木"，帽子积木是用来激活脚本的。

（5）常见的用来执行命令的积木称为"堆叠积木"，如 ▱▱ ▱ 。堆叠积木的样子是左上角有凹槽，底部有突起，方便相互衔接。堆叠积木是所有积木中数量最多的积木。

（6）一般椭圆形积木是代表一个数值或一个字符串，六边形的积木代表一个布尔值，即"true"或"false"。在用法上，椭圆形积木可以嵌入其他积木的椭圆形数据域中，六边形积木可以嵌入其他积木的六边形数据域中，如图 2.32 所示。

（7）Scratch 脚本的编写非常灵活，同一功能的实现可以选择很多不同的方法，编程者不必拘泥于形式，不必强记某一段脚本。只要做到心中有算法，能依照心中的算法构建脚本并实现既定的功能目标，就已经具备了基本的 Scratch 编程能力。

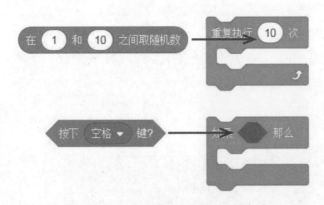

图 2.32 椭圆形积木与六边形积木的用法

2.5 第一个 Scratch 程序案例——神奇的魔法球

2.5.1 目标任务描述

（1）剧本：小猫跟随鼠标指针运动，它要寻找三颗魔法球，红色魔法球能让它不断地变换颜色，黄色魔法球能让它不停翻跟斗，蓝色魔法球能让它发出"喵"的一声后隐身 1 秒。程序效果图如图 2.33 所示。

（2）舞台：系统自带的"户外"背景图。

（3）角色：系统默认的"小猫"角色，红色小球，黄色小球，蓝色小球。

（4）学习重点：了解运动、外观、声音等功能积木的运用，认识循环及判断结构的作用。

2.5.2 实验步骤

1．背景准备工作

（1）选择"文件"菜单中的"新作品"选项，创建一个空程序，单击"背景区"的"添加背景"按钮 （直接单击该按钮相当于"选择一个背景"功能）。

（2）在弹出的"选择一个背景"对话框上方选择背景类型为"户外"，如图 2.34 所示，在背景缩略图中选择"Mountain"图，即指定该图为程序的当前背景，默认背景名为"背景 2"。

2．角色准备工作

（1）红色魔法球的绘制：如图 2.35 所示，在

图 2.33 神奇的魔法球

角色区选择"绘制"选项，在造型区中单击"填充"选项，在弹出的调色板上调出红色，这里设置"颜色""饱和度""亮度"分别为 0、60 和 100，如图 2.36 所示。

（2）单击"轮廓"选项，在调色板上选择左下角的"无轮廓"项 ／，单击"造型区"左侧的"画圆"按钮，在编辑窗口正中位置绘制一个实心圆形。系统自动为该角色命名为"角色 2"。

（3）在角色区"角色 2"图标上单击鼠标右键，如图 2.37 所示，在弹出的快捷菜单中选择"复制"，即可复制"角色 2"生成"角色 3"。

图 2.34　选择背景图

图 2.35　选择"绘制"选项

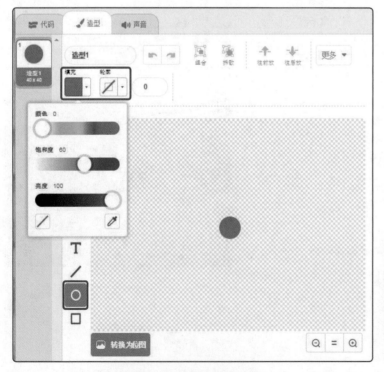

图 2.36　绘制红色魔法球

图 2.37　角色的复制

（4）打开"角色3"的造型区，在"填充"调色板上调出黄色，并在这里设置"颜色""饱和度""亮度"分别为17、100和100。在工具区选择"填充"工具 🖌，鼠标指针移至编辑区红色小球上方单击，小球变成黄色。

（5）用相同方法生成"角色4"——蓝色的魔法球。其"颜色""饱和度""亮度"分别为72、60和100。

3. 编写"小猫"跟随鼠标指针运动及碰到红色小球的脚本

（1）在"角色1"——"小猫"的脚本区中完成图2.38所示的代码，实现"小猫"一直跟随鼠标指针运动的功能，即鼠标指针移到哪里小猫就跟到哪里。

（2）使用控制类积木"如果＜＞那么"实现小猫碰到红色魔法球时变颜色的行为，其程序段如图2.39所示。其中六边形积木"碰到颜色（）？"是个侦测类积木，想设置所碰颜色时，可单击其上方的椭圆颜色块，在弹出的调色板中选择下方的"舞台吸管"工具，此时鼠标指针变成一个放大镜，用放大镜去找舞台上想指定的颜色。这里移动放大镜至"红色魔法球"上方，单击获取"红色魔法球"颜色为指定颜色，如图2.40所示。

图 2.38　实现角色跟随鼠标指针运动功能

图 2.39　实现角色碰到红色小球时变色的功能

图 2.40　使用吸管工具获取指定的颜色

4. 编写"小猫"碰到黄色及蓝色小球的脚本

用与上一步相似的方法，实现小猫碰到黄色魔法球和蓝色魔法球时的行为功能，具体如下。

（1）碰到黄色：运动类积木"右转15度"，如图2.41所示。这里看起来好像只做一次旋转，但下一步将该判断积木放进循环积木后，当小猫位于黄色魔法球上时，小猫就会不停地旋转。

（2）碰到蓝色：声音类积木"播放声音'喵'"、外观类积木"隐藏"、控制类积木"等待1秒"、外观类积木"显示"的排列如图2.42所示。

5. 实现"小猫"的完整脚本

因为小猫时刻跟随鼠标指针运动，小猫又可以随时触碰3种魔法球，因此应将3个"如果<>那么"判断结构放置到图2.38所示"重复执行"积木的内部，将所有积木拼接起来后就得到"小猫"的完整脚本，如图2.43所示。

图 2.41 实现角色碰到黄色小球时的功能

图 2.42 实现角色碰到蓝色小球时的功能

图 2.43 "小猫"的完整脚本

2.5.3 案例要点分析及扩展应用

（1）程序中3次运用了侦测类积木"碰到颜色（）？"，如果在舞台背景中刚好存在指定要触碰的颜色，那么"小猫"只要经过背景中该颜色区域，也会触发动作。在这种情况下，可以改用"碰到角色（）？"积木。以"红色魔法球"为例，具体方法是：将"碰到颜色（）？"积木更换成"碰到'鼠标指针'？"积木，单击该积木中椭圆形的"鼠标指针"对象区，如图2.44所示，在弹出的列表中选择"角色2"，即"红色魔法球"。

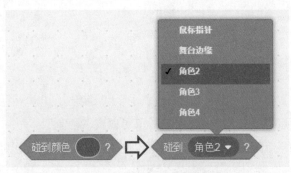

图 2.44　更换侦测类积木

（2）案例中通过"复制"角色的方法快速地生成"黄色魔法球"和"蓝色魔法球"，这是 Scratch 编程中一种常用的操作方法，如果被复制的角色已经写好了程序脚本，程序脚本也会复制到新的角色中去。

（3）思考一下，本案例中 3 个"如果＜＞那么"判断积木是放在一个"重复执行"循环积木中的，所以可以执行多次判断。如果各个判断积木只想执行一次，即每一种魔法球只能被触碰一次，那么应该如何修改程序？

（4）参考以上案例，尝试制作更多的魔法球并放置于舞台上，发挥你的想象力，为"小猫"添加更多魔法的动作功能。

课后习题

一、选择题

1. Scratch 是一款用于（　　）的软件。

　　A. 程序设计　　　　B. 绘图　　　　C. 图像处理　　　　D. 游戏

2. 以下积木类型中，（　　）不是 Scratch 中提供的。

　　A. "外观"类型　　　　　　　　B. "数学"类型

　　C. "控制"类型　　　　　　　　D. "动作"类型

3. 以下说法错误的是（　　）。

　　A. Scratch 是一种可视化的、图形化的编程语言

　　B. Scratch 有在线版和离线版两种编程平台

　　C. 任何 Scratch 积木都可以两两拼接在一起

　　D. Scratch 支持导入外部的声音和图片

4. Scratch 不支持（　　）图片格式导入使用。

    A. .bmp   B. .svg   C. .png   D. .jpg

5. 以下关于舞台背景，说法错误的是（　　）。

    A. 一个舞台可以有多个背景，但某一时间点上只能显示其中一个背景

    B. 一个舞台可以有多个背景，一个背景又可以有多种造型

    C. 背景可以使用系统提供的背景，也可以使用外部导入的图片作为背景

    D. Scratch 可以通过摄像头拍摄图片作为背景

6. 在 Scratch 中，舞台是创作和演示程序的场地，其坐标原点位于舞台的（　　）。

    A. 左上角   B. 左下角   C. 正中心   D. 可以指定任意的位置

7. 以下关于 Scratch 舞台坐标的说法，错误的是（　　）。

    A. 舞台宽度为 480 步

    B. 舞台高度为 360 步

    C. x 轴右方为正方向，左方为负方向

    D. y 轴上方为负方向，下方为正方向

8. 关于 Scratch 程序，以下说法正确的是（　　）。

    A. 使用不同的脚本代码实现方法也可以实现同一功能效果

    B. 一种功能只能有唯一的一种脚本代码实现方法

    C. Scratch 不是面向对象的编程语言

    D. 放进脚本区的积木或程序段一定会被执行

二、简答题

1. 什么是舞台、角色和脚本？三者之间的关系是怎样的？

2. 以"神奇的魔法球"为案例，简单描述 Scratch 的编程方法，除了案例中三种魔法球的动作功能外，你还能创作什么样的动作功能？

3. Scratch 代码区中提供了多少种积木类型？各类型的积木在用法上有什么区别？

4. 在 Scratch 中创建一个角色有哪些方法？各种角色创建方法的特点是什么？

第 3 章

舞台与角色设计

▶ **本章学习目标**

- 认识矢量图和位图

- 了解矢量图和位图文件格式

- 熟悉 Scratch 角色造型及背景编辑界面

- 掌握 Photoshop 角色造型及背景的编辑方法

- 掌握 PowerPoint 图形对象的编辑方法

3.1　角色及舞台背景设计

在 Scratch 程序中，经常需要根据设计目标来设置角色及舞台背景，角色和舞台背景的视觉效果会直接影响作品的质量。因此，Scratch 的角色及舞台背景设计是一项重要的工作。

前面介绍过，在角色区和背景区，Scratch 均提供了 4 种方式来添加舞台背景，分别是"上传角色 / 背景""随机""绘制"和"选择一个角色 / 背景"等。其中"随机"和"选择一个角色 / 背景"添加的是系统内部的角色或背景图片，"选择一个角色 / 背景"是最常用的一种添加方式，可以依据程序的情景选择系统图的类型。

除上述 4 种方式外，在造型编辑区 / 背景编辑区左侧缩略图的下方，也有一个选择角色和选择背景按钮，该按钮的弹出菜单中还有一个"摄像头"选项，如图 3.1 所示，可支持通过摄像头拍摄人脸图像（或其他景物）作为角色造型或舞台背景。

图 3.1　导入摄像头图像

当系统中找不到合适的图片时，就需要自行设计角色或背景图片了，此时有 3 种方式可以实现。

（1）修改系统已有的角色造型或背景，生成自己的目标图。

（2）设计并绘制自己的角色造型或背景。

（3）从外部导入矢量图或位图文件作为自己的角色造型或背景。

在学习设计造型和背景之前，我们先来认识矢量图和位图这两个概念。

3.2　矢量图和位图

在 Scratch 中，角色造型及背景图可以使用矢量图，也可以使用位图。

1. 矢量图

矢量图也叫向量图，其文件中可包含多个图形元素，每个图形元素都是一个自成一体的实体，具有颜色、形状、轮廓、大小和屏幕位置等属性。图形元素间可以自由无限制地重新组合。

矢量图形文件体积一般较小，其最大的优点是无论放大、缩小或旋转都不会令图形失真。Scratch 中支持的矢量图形文件格式主要是".svg"。

2. 位图

位图也叫点阵图，是指由像素阵列构成的图。像素是位图的最小单位，每个像素都有自己的颜色信息，并由其排列来显示图像内容。

位图的特点是色彩变化丰富，可表达信息量丰富的真实自然景物。通常占据较大的存储空间，对图像进行缩小或放大处理容易出现锯齿或断裂等失真现象。

Scratch 中支持的位图文件格式主要有".png"".jpg"".gif"等。

由于 GIF 文件可以存储多张图片，当导入外部 GIF 文件作为角色时，Scratch 会自动将 GIF 文件中的多张图片转化成角色的多个造型。如图 3.2 所示，将"alert.gif"文件导入 Scratch 作为角色，该角色自动生成了 3 个不同造型。

图 3.2　GIF 格式图片作为角色生成多个造型

3.3　Scratch 中角色造型及背景的编辑

3.3.1　造型编辑窗口介绍

在 Scratch 中，角色造型和背景的编辑窗口界面是一样的，其中工具的使用方法也是一样的。造型编辑窗口界面功能如图 3.3 所示。

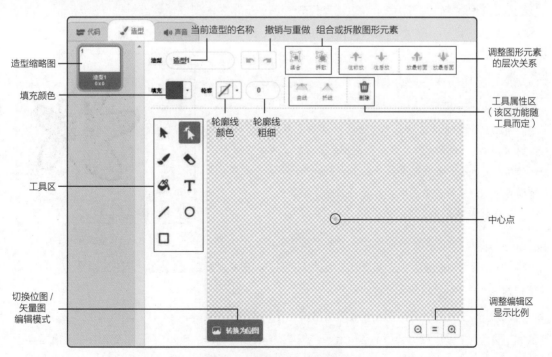

图 3.3　造型编辑窗口界面功能

注意：该编辑窗口包含矢量图、位图两种编辑模式。若当前编辑的图为矢量图，则工具区中为矢量工具，下方切换按钮为"转换为位图"；若当前编辑的图为位图，则工具区中为位图工具，下方切换按钮为"转换为矢量图"。当编辑窗口切换成"位图"编辑模式时，工具组将切换成位图编辑工具。

3.3.2　修改原有角色造型及背景图

1. 系统角色造型的修改

以"动物"类系统角色"starfish"的第 1 个造型"starfish-a"为例，如图 3.4 所示，它是一个矢量图，整个图形是由紫红色五角星、嘴巴、眼睛等图形元素构成的，当鼠标指针在图形上移动时，可以单独选一个图形元素。如图 3.5 所示，选择"嘴巴"并右移。按住"Shift"键再进行选择可同时选择多个图形元素，按住"Shift"键再选择两只眼睛并右移，如图 3.6 所示；通过调整选择框的控制块放大眼睛，这样原图就变成了一个表情"惊讶"的海星造型了。

图 3.4　"starfish-a"造型　　　　图 3.5　"嘴巴"右移　　　　图 3.6　"眼睛"放大并右移

此外，嘴巴、眼睛在这里都是"组合"的图形元素，还可使用"拆散"工具 ▓ 将它们拆成更小的图形元素进行编辑。除上述操作外，造型编辑区还提供了填充颜色、修改图形轮廓线形状等功能，可进一步将图形打造成想要的造型。一些具体工具的操作功能见下文介绍。

当我们单击编辑窗口下方的"转换为位图"按钮时，编辑窗口会切换成位图编辑模式，原来的海星造型也会从矢量图转换为位图。

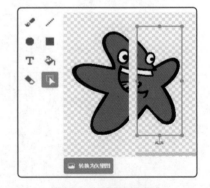

注意：这个转换过程是不可逆的。位图是由像素阵列构成的，再不能拆分眼睛、嘴巴这样的图形元素，编辑窗口左侧的工具组也会切换成位图编辑工具，如使用"选择"工具，可以框选"海星"部分图像并移动，如图 3.7 所示。

图 3.7　位图编辑模式

2. 系统背景图的修改

Scratch 系统背景图也是可以进行修改的。Scratch 提供的系统背景图也包含矢量图和位图两种格式，其中大多数是位图。无论矢量图或位图，其编辑方法均与角色造型编辑方法一致。

应用时，我们还可以将两个背景图合成一个。如添加"所有"类中"Baseball 1"和"Night City"两个背景图，"Baseball 1"是一个矢量图，这里选择"球场"部分，在属性栏中单击"复制"按钮，如图 3.8 所示。在"Night City"背景编辑区属性栏中选择"粘贴"，这样就把"球场"复制到了"Night City"背景中，调整"球场"上方的"控制块"，使其减小高度，如图 3.9 所示，这样就生成了一个"城市球场夜景"背景。

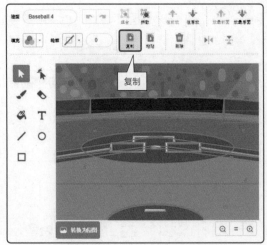

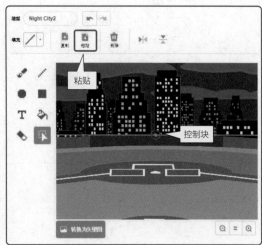

图 3.8　复制"Baseball 1"的球场　　　　图 3.9　在"Night City"中粘贴球场

3.3.3　创建角色造型及背景图

下面通过简单的图形对象编辑处理、文字添加和一个背景图设计方法来介绍造型 / 背景编辑区的常用功能。

1. 图形对象的编辑处理

在对矢量图进行编辑处理时，"变形"工具 ↖ 是一个非常好用的工具。选择一个图形对象后单击"变形"工具，图形对象将显示其轮廓线及控制点，此时可支持如下操作。

（1）单击轮廓线上某个位置，在该处添加一个控制点。

（2）双击某个控制点，删除该控制点。

（3）在属性栏中通过"折线""曲线"将控制点设定为折角点或曲线点。

（4）移动控制点或修改图形局部形状，还可通过控制点上的两段控制轴调整该段曲线的曲率。

以图 3.10 为例，其中两图形均是在一个圆形基础上使用"变形"工具变形而来的。右图是向下移动最下方控制点生成一个"月牙"形状，左图是令最上方控制点转化为"折角点"，再向上移动该控制点生成一个"水滴"形状。

此外，使用"橡皮擦"也可以改变图形外轮廓，甚至让图形局部镂空，图 3.10 所示为"水滴"形状中的镂空效果。

2. 文本的添加

Scratch 3.4 支持 9 种文本格式，如图 3.11 所示，包括中文文本格式。在编辑区输入文本后，可通过拖动文本框的控制块实现文本的放大或缩小。

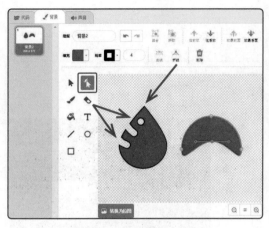

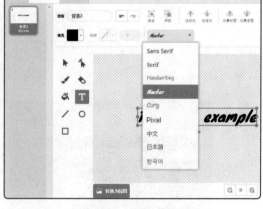

图 3.10　图形对象的编辑 　　　　　　　　　　　　　图 3.11　文本的添加

3. 背景的制作

下面以创建一个"蓝天绿山跑道"矢量图背景为例进行介绍，如图 3.12 所示。操作方法如下。

（1）在背景编辑区绘制 3 个无边框矩形，由上至下分别填充为"天蓝色""绿色"和"暗红色"。3 个矩形中，"天蓝色"矩形处于最底层，"绿色"矩形高度约为编辑窗口的一半，"暗红色"矩形处于最顶层。效果如图 3.13 所示。

（2）选择"绿色"矩形，单击"变形"按钮 ⬆️，在矩形边框线上单击鼠标以生成多个控制点，上下移动各控制点的位置，并结合控制点上的两曲率控制轴的调整，使"绿色"矩形变成起伏的"远山"形状，如图 3.14 所示。

（3）如图 3.15 所示，使用"填充"工具将上方的"天蓝色"矩形块填充为天蓝色至白色的垂直线性渐变效果。为获得更多白色区域，可向上移动"天蓝色"矩形，使其部分背景显示为透明背景，透明背景区在舞台上的效果是白色的。

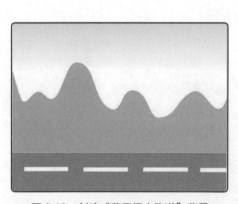

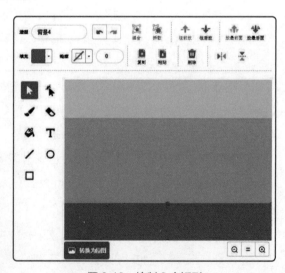

图 3.12　创建"蓝天绿山跑道"背景 　　　　　　　　图 3.13　绘制 3 个矩形

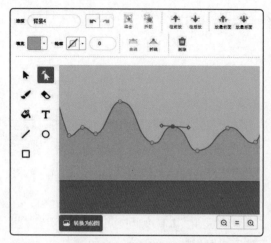
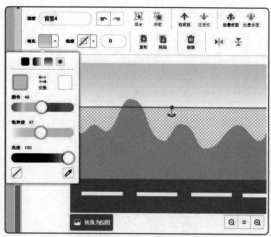

图 3.14 编辑"远山"形状　　　　　　　图 3.15 编辑"蓝天"颜色

3.3.4 Scratch 中角色及图片的导出

Scratch 提供了多种导出方式，下面进行具体介绍。

（1）角色导出：如果想将包含多个造型的角色一次性导出，可在"角色区（角色列表区）"选择该角色，单击鼠标右键并选择"导出"选项，如图 3.16 所示，即可将其导出为".sprite3"文件。

（2）造型导出：如果仅想保存角色的某一造型，可在角色造型区左侧选择该造型缩略图，同时单击鼠标右键并选择"导出"选项，如图 3.17 所示，当造型为矢量图时，其导出为".svg"文件，当造型为位图时，其导出为".png"文件。

（3）背景图导出：系统自带的或自行设计的背景图也可以导出，如图 3.18 所示，在背景编辑区左侧选择一个背景缩略图，用鼠标右键的菜单选项进行导出，当背景图是矢量图时导出为".svg"文件，为位图时其导出为".png"文件。

图 3.16 角色导出　　　　图 3.17 造型导出　　　　图 3.18 背景图导出

3.4 Photoshop 的编辑方法

Photoshop 是由美国 Adobe 公司开发的一款专业的图像处理软件，是迄今为止最畅销的图像编辑软件。本节重点介绍 Photoshop 对角色造型及背景图像的加工处理方法，使用的软件版本为 Photoshop CC。

3.4.1　Photoshop 中角色图像的处理

1. 单色背景图的处理方法

当需要从外部图像获取程序角色时，最简便的方法就是对单色背景图进行抠图处理。程序设计者通过网络搜索下载角色用图时可首先考虑单色背景图。以下通过一个卡通形象"骆驼"的抠图处理来介绍 Photoshop 的具体操作方法。原图背景为白色，包含多只卡通动物，如图 3.19 所示，抠取"骆驼"的步骤如下。

（1）在界面工具栏"套索工具组"中选择"多边形套索工具" ，如图 3.20 所示，沿着"骆驼"外围单击鼠标，形成一个多边形包围框，当多边形首尾相接时就得到一个由闪动虚线框包围的选区，如图 3.21 所示。

图 3.19　原图　　　　图 3.20　用多边形套索工具框选对象　　　　图 3.21　形成选区

（2）按键盘的"Ctrl+C"组合键复制选区内容，再按键盘的"Ctrl+N"组合键，弹出"新建"对话框以创建一个空白图窗，如图 3.22 所示，Photoshop 会依据刚刚复制的选区大小自动设定图窗的大小，这里是 313 像素 ×382 像素，单击"确定"按钮，生成新图窗，图窗的背景默认是透明的。

（3）按键盘的"Ctrl+V"组合键粘贴"骆驼"选区内容，如图 3.23 所示，可以看到"骆驼"明显的白色背景。选择"魔棒工具组"中的"魔棒工具" ，单击选择"骆驼"外围的白色背景区，再按住键盘上的"Shift"键，用"魔棒工具"分别点取"骆驼"腿部之间的白色背景区，这样能将不连通的背景区一次性选中，最后按键盘上的"Delete"键，删除所选白色背景区的内容，使之变透明。

（4）选择"文件"菜单中的"存储"选项，在弹出的"另存为"对话框中选择"保存类型"下拉列表中的"PNG"项，如图 3.24 所示，再选择保存的位置、输入保存的文件名后，单击对话框下方的"保存"按钮。在弹出的"PNG 格式选项"对话框中，选择"中等文件大小"即可，如图 3.25 所示，单击"确定"按钮，即可将当前图窗内容保存为 PNG 文件。

PNG 是无损压缩的图像格式，3 种选项的图像质量都差不多。压缩率高时文件最小，但存储最快及显示最慢；若选择最快存储，则代价是文件最大。

图 3.22 "新建"对话框

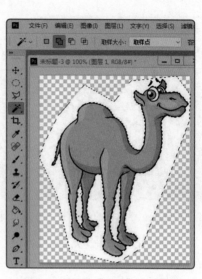

图 3.23 粘贴"骆驼"选区内容

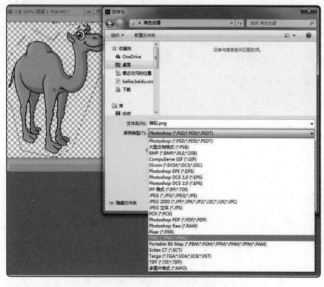

图 3.24 保存为 PNG 文件

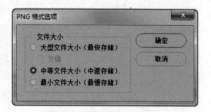

图 3.25 PNG 格式选项

2. 复杂背景图的处理方法

如果想获取的角色造型需要从复杂背景图中抠取，那就需要使用"套索工具"进行对象外形的精确框取了。这里以图 3.26 为例对"小海龟"进行抠图。因为"小海龟"具有明显的轮廓线，可以考虑使用"磁性套索工具"，具体操作步骤如下。

（1）在工具栏"套索工具组"中选择"磁性套索工具" 🖎 ，在"小海龟"某边缘处单击鼠标确定第一点位置，再沿着一个方向（顺时针或逆时针）在轮廓线上移动时，磁性套索工具会自动生成控制点和边缘线紧贴"小海龟"的轮廓，如图 3.27 所示。当某些位置较难生成边缘线时，如转角位置或模糊轮廓线位置，可以通过单击鼠标确定选择的位置，以辅助控制点和边缘线的生成。当边缘线首尾相接时单击鼠标以生成虚线选区，如图 3.28 所示。

图 3.26　带背景的对象图

图 3.27　磁性套索工具框选对象

图 3.28　生成选区

（2）参考上一案例的操作方法，通过"Ctrl+C"组合键复制选区内容、"Ctrl+N"组合键新建图窗、"Ctrl+V"组合键粘贴选区内容，粘贴后效果如图 3.29 所示。最后再将该图窗保存为 PNG 文件。

注意：若抠取对象外轮廓不明显时，"磁性套索工具"可能难以识别对象轮廓，此时可使用"导航器"面板放大图窗显示比例，再用"多边形套索工具"沿对象轮廓自行单击连点成线，最后首尾相接实现整个对象的框取。

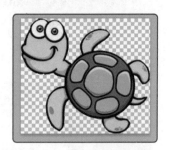

图 3.29　新图窗中粘贴选区

3. 多图层对象处理方法

如果直接抠图的方法无法满足 Scratch 角色造型的设计，那么可以运用 Photoshop 的图层管理功能，将多个对象叠加处理，并最终合并为一个造型对象。如图 3.30 和图 3.31 所示，均是由两个对象（一个小黄人和一个篮子）合并而成的案例。

从右侧"图层"面板可以看出，两个案例都由两个图层构成，第一个案例中篮子是放在上层的，第二个案例中篮子是放在下层的。Photoshop 中，各层的图像可以独立进行各种变形处理，这样就可以产生很多精彩的组合效果。

图 3.30　多图层对象合成效果 1

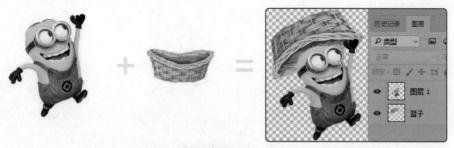

图 3.31　多图层对象合成效果 2

下面以图 3.30 为例，简单介绍图层的编辑处理方法。

（1）参考上面所讲的抠图方法，抠取"小黄人"对象并粘贴到新建图窗中作为一个图层，其中创建图窗时，图窗大小可以设置大一些。

（2）抠取"篮子"对象并粘贴到"小黄人"所在图窗中，生成第二个图层，且该图层默认为当前图层，如图 3.32 所示。

（3）选择工具栏最上方的"选择工具"⊕，此时"篮子"呈现"自由变形"编辑状态，其编辑方法有 3 种。

① 鼠标直接拖曳图层对象可实现图层对象的移动。

② 调整四周 8 个控制点可放大 / 缩小该图层对象。

③ 当鼠标指针为弧形双箭头形状↗时，按住鼠标并上下移动，可实现图层对象的旋转，如图 3.33 所示。

图 3.32　粘贴"篮子"生成第二个图层　　　　图 3.33　旋转"篮子"

该例中"篮子"经过垂直方向的缩小、旋转、移动处理后，效果如图 3.30 中的右图。

（4）当需要修改图层顺序，如想将"篮子"置于下层，则在"图层"面板上，直接将"篮子"图层拖至"小黄人"图层下方即可。

（5）所有图层处理完毕后，可在 Photoshop 菜单栏中选择"文件"→"存储"项，将图窗保存为 PNG 文件。

注意：上述案例主要介绍了 Photoshop 中图像的抠图及多图层处理方法。当所处理的对象是作为 Scratch 角色造型时，还要考虑对象的宽和高，对象太大或太小，导入 Scratch 中还要进行大比例缩放处理，这会导致图像质量的下降。

一般来说，角色图片的宽、高可根据设计需求，设置为 150 ～ 300 像素。

如何在 Photoshop 中调整图片的大小，可参考 3.4.2 节中图像大小的处理方法。

3.4.2 Photoshop 中背景图像的处理

1. 背景图像分辨率

Scratch 舞台的宽高比例是 4：3，一般来说，导入外部图片作为背景图时均希望图片在舞台中是满屏显示的，但不是所有 4：3 的图像作为背景图导入 Scratch 后都能满屏显示。如图 3.34 所示，只有以下几类 4：3 的图像分辨率会自动满屏显示（单位为像素，以下省略）。

图 3.34　能在舞台上满屏显示的背景图

（1）960×720 图像：虽然舞台坐标的范围是 x（−240, 240）、y（−180, 180），但 Scratch 3.4 支持 960×720 的分辨率（Scratch 2.0 之前版本的舞台只能支持 480×360 的显示分辨率）。

（2）宽高比例是 4：3，但分辨率大于 960×720 的图像，此时 Scratch 3.4 将图像视为 960×720 的分辨率。

（3）480×360 图像，Scratch 3.4 会自动将该分辨率图像设为满屏。然而，由于分辨率较低，当舞台放大时画面效果会显得比较粗糙。

当图像分辨率足够大，但宽高比例不是 4：3 时，背景图不会满屏，如图 3.35 所示。

图 3.35　宽高比非 4：3 时不满屏

当图像比例为 4：3，但分辨率小于 960×720 且不等于 480×360 时，背景图也不会满屏，如图 3.36 所示。

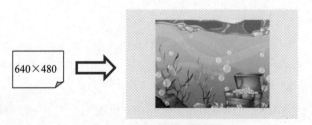

图 3.36　分辨率不足时不满屏

综上所述，最好的背景图像分辨率为 960×720，分辨率再大在 Scratch 中也不能体现出来，分辨率小或宽高比例不为 4∶3 时均不能满屏显示。因此，用户在下载图像时，应尽量下载大图，然后借助 Photoshop 进行比例裁切及大小调整。

2. Photoshop 背景图裁切方法

应用中，常会使用 Photoshop 对大图进行比例裁切并缩放成适合 Scratch 的背景图。具体操作方法如下。

（1）Photoshop 中打开大图后，在工具组中选择"裁切"工具，如图 3.37 所示，在属性栏上将"比例"项调为 4∶3。用鼠标在图窗中框选一个矩形范围作为裁切选区，此时无论选区大小，其比例始终为 4∶3，选区确定后，还可以用鼠标拖动图片以调整目标位置，最后在选区中双击鼠标获得裁切图。

（2）修改裁切图分辨率：选择"图像"菜单中的"图像大小"选项，如图 3.38 所示，在弹出的"图像大小"对话框中将图像宽度、高度分别设置为 960 像素和 720 像素，如图 3.39 所示，单击"确定"按钮。

图 3.37 "裁切"工具的使用

图 3.38 "图像大小"选项

图 3.39 修改图像分辨率

注意：默认的宽度、高度是锁定比例的状态，若修改分辨率时不能生成准确的目标分辨率，可以单击 🔒 按钮将其解锁。

3.5 PowerPoint 的编辑方法

相比 Photoshop 的编辑方法，PowerPoint 的编辑方法更为简便，适用于快速制作简单造型角色或艺术字角色，下面以 2 个图像对象的制作为例，简要介绍 PowerPoint 中角色的创建方法，这里使用的软件版本为 PowerPoint 2010。

1. 图案角色

（1）使用 PowerPoint 中的"插入 / 形状"在幻灯片上生成原始图形，如图 3.40 所示。图形可以修改其轮廓线、填充颜色等，还可以将多个对象同时选中，并通过鼠标快捷菜单中的"组合"功能将之组合成一个对象，如图 3.41 所示。

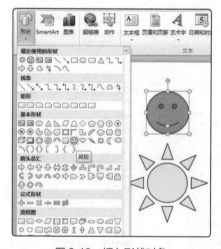

图 3.40　插入形状对象

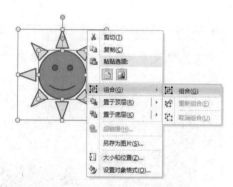

图 3.41　组合多个对象

（2）如图 3.42 所示，在已选对象上单击鼠标右键，在快捷菜单上选择"另存为图片"选项，可将该对象存储为外部文件，如图 3.43 所示。用户可以将对象保存为".gif"".jpg"".png"等多种格式，这里保存为默认的".png"格式。

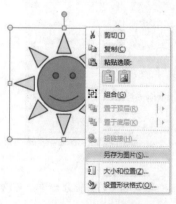

图 3.42　另存为图片

图 3.43　另存为".png"文件

2. 艺术字角色

Scratch 虽然提供了文本插入编辑功能，但功能过于简单，借助 PowerPoint 的艺术字处理功能则可以很好地弥补 Scratch 文本处理方面的不足。

如图 3.44 所示，先在 PowerPoint 中编辑艺术字，再在文本框上通过鼠标右键的菜单选项，同样可以将之保存为外部图片文件。

图 3.44 将艺术字另存为图片

由 PowerPoint 生成的 PNG 文件背景是透明的，非常适合导入 Scratch 中作为角色应用。

课后习题

一、选择题

1. 以下（ ）文件格式属于矢量图格式。

    A. PNG   B. GIF   C. sprite3   D. SVG

2. Scratch 导入（ ）文件可以生成具有多个造型的角色。

    A. PNG 和 GIF   B. PNG 和 JPG   C. GIF 和 sprite3   D. JPG 和 sprite3

3. 以下说法错误的是（ ）。

    A. 矢量图文件较小，对其图形元素进行缩放后图形质量不会下降

    B. 位图是由像素阵列构成的，不支持放大及缩小

    C. JPG 是有损压缩的位图格式

    D. GIF 图像最多只能显示 256 种颜色

4. 关于 Photoshop 图像处理，以下说法错误的是（　　）。

    A. 是目前最主流的图像编辑处理软件　　　　B. 由美国 Adobe 公司开发

    C. 它支持多图层编辑模式　　　　　　　　　D. 其默认的文件保存格式是 PNG

5. 关于 PowerPoint 幻灯片编辑软件，以下说法错误的是（　　）。

    A. 是 Microsoft 公司开发的 Office 系列办公软件之一

    B. 可以插入外部图片，也可以将幻灯片上的对象导出为外部图片

    C. 不是图像处理软件，所以不支持将图形对象导出为图像文件

    D. 可以将生成的艺术字导出为 PNG 图片

6. Scratch 导入（　　）分辨率的背景图将不能在舞台上满屏显示。

    A. 720×540　　　　B. 480×360　　　　C. 960×720　　　　D. 1200×900

7. 关于 PowerPoint，以下说法错误的是（　　）。

    A. 绘制图形和艺术字对象均能保存为 JPG 格式

    B. 可以将多个简单的图形组合成一起，但组合后不可拆分

    C. 在 PowerPoint 中组合的对象还可以进行取消组合

    D. PowerPoint 中有多个对象位置重叠时，可以将某个对象设定为置于顶层

8. 关于 PowerPoint 中的艺术字，以下错误的是（　　）。

    A. 艺术字保存成 PNG 格式图片后，还可以更换其中艺术字的格式

    B. PowerPoint 中生成的文本框，可以设置其中个别文本的艺术字特效

    C. 艺术字保存成 PNG 格式图片之后，也可以导入 Photoshop 中进行继续编辑

    D. 艺术字经旋转后再导出为 PNG 格式图片，则 PNG 格式图片中的艺术字也是旋转的
效果

二、简答题

1. 矢量图、位图的概念是什么？它们在信息表示方式上的区别是什么？

2. 通过本章对 Photoshop 套索工具的学习，说一说 Photoshop 套索工具组中的"套索工具""多边形套索工具"和"磁性套索工具"在使用方法和用途上有什么区别？

3. PowerPoint 提供了哪些图形编辑方法？尝试使用 PowerPoint 制作一个机器人的角色造型，并将之导出为 PNG 文件。

4. 本章学习中，Photoshop 和 PowerPoint 分别对 Scratch 程序设计起到了什么作用？Photoshop 和 PowerPoint 还对其他软件有辅助作用吗？请举例说明。

Chapter

04

第 4 章
Scratch简单动画设计

▶ **本章学习目标**

- 认识并熟练使用"运动"模块中的积木块
- 认识并熟练使用"外观"模块中的积木块
- 认识并掌握"重复执行""等待"等控制积木块的方法
- 掌握角色造型切换和舞台背景切换的方法
- 掌握角色动画及场景动画的设计和脚本编写方法

4.1 角色动画

在 Scratch 舞台上有若干角色，每个角色又有若干造型，用户可以通过切换不同角色及其不同造型来编写脚本实现某种动画，即角色动画。

4.1.1 角色造型动画

1. 角色造型积木块

在"外观"模块中有以下两个与角色造型动画相关的积木块。

换成 造型1 ▼ 造型：将当前角色的造型指定为下拉列表中的某一造型，即换成导入角色的多个造型中的任意一个造型。

下一个造型：按角色的造型顺序切换成下一个造型。

2. 造型切换的动画

默认的"小猫"角色有 2 个造型，如图 4.1（a）所示，可以编写简单脚本实现小猫的跑动效果，如图 4.1（b）所示。程序利用循环结构控制整个程序流程，不断地执行"下一个造型"，这样小猫角色在两个造型中频繁切换，就可以"跑动"起来。

（a）　　　　　　　　　　　（b）

图 4.1　小猫的两种造型及其跑动效果脚本程序

如果想让小猫向前走或上下跳动，甚至旋转改变方向，那就需要使用更多的"运动"功能的积木块了。

4.1.2 运动模块的认识

角色的运动方式包括角色的移动、角色的方向及角色的旋转，其中角色的移动又分为绝对移动和相对移动。Scratch"运动"模块中积木块的功能如图 4.2 所示。

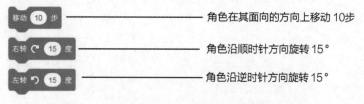

　　移动 10 步 —————————— 角色在其面向的方向上移动 10 步

　　右转 ↻ 15 度 —————————— 角色沿顺时针方向旋转 15°

　　左转 ↺ 15 度 —————————— 角色沿逆时针方向旋转 15°

图 4.2　"运动"模块积木块功能介绍

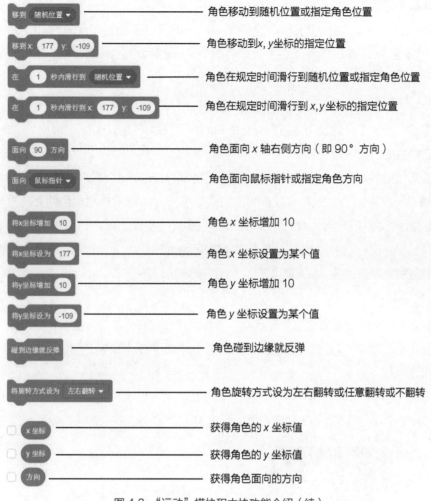

图 4.2 "运动"模块积木块功能介绍（续）

4.1.3 要点详解

1. 角色的绝对移动

（1）在 Scratch 中，角色初始创建的坐标为（0, 0），可以拖动角色到其他位置，角色窗口的 x 和 y 框中的坐标值会发生变化。可以使用"将 x 坐标设为（）""将 y 坐标设为（）"积木块分别设置角色的 x 坐标值和 y 坐标值为某个具体数值，只要这个数值不超出舞台范围即可（$-240 \leqslant x \leqslant 240, -180 \leqslant y \leqslant 180$）。数值如果超过舞台范围将会使角色超出舞台的部分不可见。

（2）使用积木块"移到 x（）y（）"，同时设置角色的 x 坐标和 y 坐标的具体值，即直接移动到平面上某点的位置。

（3）使用积木块"x 坐标""y 坐标"获得当前角色的 x 坐标值和 y 坐标值，如果前面的复选框被勾选了，则会在舞台上显示对应的坐标值。

2. 角色的相对移动

角色的相对移动是指以角色原来的位置为起点，通过指定移动的步数来实现角色的移动，相关的积木块介绍如下。

（1）"移动（ ）步"：直接设置移动的步数，指从角色原来的位置向面向方向移动指定步数。

（2）"将 x 坐标增加（ ）"和"将 y 坐标增加（ ）"：设置角色的相对坐标，指分别通过增加 x 和 y 坐标的值让角色移动到某个位置上。

3．角色的方向

在"运动"模块中，涉及角色方向变化的积木块有"面向（ ）方向""面向（鼠标指针）"，二者均可使角色的方向发生变化。

角色的方向指的是角色的面向方向，如"面向（90）方向"代表了角色面向方向为 90°，用户可以通过更改积木块中的数字或在弹出的圆盘中拖动指针来控制角色的面向方向，如图 4.3 所示。圆盘 12 点钟方向为 0°，顺时针方向为正，逆时针方向为负，如顺时针 3 点钟方向为 90°，逆时针 9 点钟方向为 -90°。度数的范围为 -180° ~ +180°，超过范围会自动转换成度数范围内相应的值，如顺时针 270° 会自动转换成 -90°。

4．角色的旋转

Scratch 中角色的旋转方式主要包括绕中心点旋转和左右（镜像）翻转。

（1）绕中心点旋转："左转（ ）度"/"右转（ ）度"积木块可分别绕中心点顺时针或逆时针旋转指定度数。

（2）左右（镜像）翻转：左右翻转方式的设置如图 4.4 所示，该积木主要是对"碰到边缘就反弹"的补充设置。图 4.4 中三种不同选项会让"小猫"在碰到舞台边缘反弹时呈现不同状态。

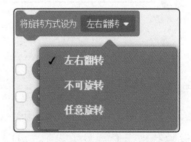

图 4.3　面向方向控制圆盘　　　　图 4.4　设置旋转方式的下拉列表

左右翻转："小猫"水平镜像翻转，面向左方并向左移动。

不可旋转："小猫"不翻转，虽面向右方却向左移动，看起来像是在后退。

任意旋转："小猫"旋转 180°，头向下面朝左，并向左移动，即头朝下倒着走。

4.1.4　循环语句

在解决实际问题的过程中，有许多规律性的重复操作，在编写脚本过程中也存在一些重复的语句，可以使用"控制"模块中的重复执行类积木块，即使用循环语句来书写。循环语句根据使用情况不同，分为三种：无限循环、限次循环、条件循环。

1. 无限循环："重复执行"

无限循环完成的是最简单的循环，如果不加外界条件，循环会一直执行下去，即进入死循环，图4.5（a）所示为无限循环结构的积木块。图4.5（b）所示是使用无限循环的脚本示例，角色小猫会在舞台上来回走动，直到单击停止按钮图标⬤才会停止。

2. 限次循环："重复执行（）次"

实现限次循环的积木块"重复执行（）次"比无限循环的结构多了一个圆角矩形框，用来给出循环执行的次数。输入一个数值或嵌入一个可以计算具体数值的圆角矩形积木块，即代码区中的所有圆角矩形形状的积木块都可以被放置在这里，如"x坐标""计时器"等。当循环次数达到设置的值以后，便会跳出循环，即停止重复执行积木块中包含的所有操作。图4.6(a)是限次循环结构示意图，循环次数为10。图4.6（b）是使用限次循环的脚本示例，动画呈现小猫在舞台上来回行走的效果，脚本在执行蓝色积木块组100次后退出循环，角色小猫将不再运动，当然在不足100次的情况下，也可以使用停止按钮来终止脚本的运行。

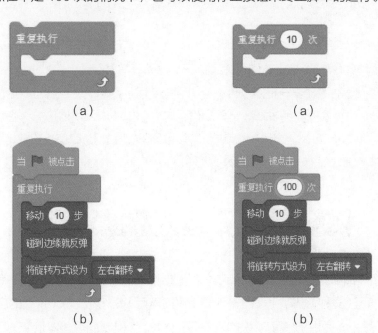

（a）　　　　　　　　　　　　　　　（a）

（b）　　　　　　　　　　　　　　　（b）

图4.5　无限循环结构及其示例　　　　图4.6　限次循环结构及其示例

3. 条件循环："重复执行直到＜＞"

条件循环不是指某个条件为真的时候才执行循环，而是执行循环，直到某个条件为真时为止。条件循环也可以看作一种特殊的限次循环，只不过限制的次数不是通过固定的数值，而是通过条件运算来决定的，图4.7（a）所示为条件循环结构积木块，它有一个六边形的框，只能嵌入六边形积木块，即判定积木块。图4.7（b）所示为使用条件循环的脚本示例，当小猫达到某处（x坐标>100）时，停止运动，即角色小猫的x坐标值大于100时，停止执行循环，之后小猫则不再有任何动作。

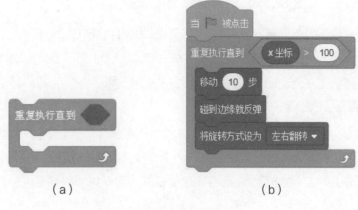

（a）   （b）

图 4.7　条件循环结构及其示例

4.1.5　等待和停止语句

"等待"是一个过程，等待某个时间过去或等待某个条件变为真；而"停止"是一个结果，即停止脚本运行。

"控制"模块中有两种控制等待相关的积木块，只有一种控制停止的积木块。

等待 1 秒 ：让脚本暂停一个指定时间再继续执行。时间填写可以是小数。

等待 ◆ ：暂停脚本并等待某一指定条件，当条件为真时等待结束，继续运行后面脚本。

停止 全部脚本▼ ：如果脚本已完成所有效果或动作，可以使用该积木块停止运行脚本。停止脚本的类型有三种（单击小三角，弹出下拉菜单）：停止（这个脚本），即停止正在运行的脚本；停止（该角色的其他脚本）；停止（全部脚本）。

4.2　动画程序案例1——海底世界

在设计一个作品前，要先策划一个剧本，然后根据剧本来收集或制作素材，包括角色（多个不同造型）、背景（多种背景）、声音（各种要使用的声音）等。随着 Scratch 的启动，把角色、背景先汇集到舞台上，利用拖曳积木块的方式编写脚本，制作出符合剧本情节的动画。

下面我们尝试用刚刚介绍过的"运动""控制"中的积木块来完成一个海底世界的角色动画。

4.2.1　目标任务描述

（1）剧本：5 只快乐的海洋动物，在海洋里面畅游，不存在杀戮，画面很和谐，小动物们无论怎么游都游不出画面。

（2）舞台：系统自带的海洋背景。

（3）角色：一条鲨鱼，一只螃蟹，一条小丑鱼，一只水母，一只章鱼。

（4）学习重点：角色、背景的导入，角色移动及旋转运动，循环控制结构及随机数的使用。

海底世界动画界面如图 4.8 所示。

图 4.8　海底世界动画界面

4.2.2　实验步骤

1. 准备工作

（1）单击菜单栏"文件 | 新作品"，新建一个空白文件。

（2）单击"舞台区"的"选择一个背景"按钮，选择"水下"分类的 Underwater1 背景。

（3）删除角色窗口的猫角色，单击角色窗口的添加按钮，在弹出选项中选中"选择一个角色"选项，在动物分类中，找到示例中所需要的螃蟹 Crab、鱼 Fish、水母 Jellyfish、鲨鱼 Shark 和章鱼 Octopus。

（4）调整各角色的位置及大小（螃蟹角色的位置及大小见图 4.9），使其不互相遮挡，所有的背景和角色等素材的准备情况如图 4.9 所示，背景数量为 2 是因为默认有一个空白背景，用户也可在背景区域删除空白背景。

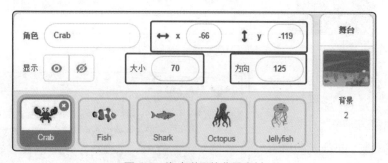

图 4.9　海底世界的背景素材

2. 海底动物角色脚本

需要选择每一个动物角色为其进行角色动画的编程，这里以螃蟹为例，其他动物的脚本相同。单击角色 Crab，在左侧的脚本区编写图 4.10 所示的程序脚本，具体步骤如下。

（1）为了启动程序，在代码区"事件"模块中选择积木块"当 被点击"，程序会在单击"小绿旗"时开始运行。

（2）在代码区"运动"模块中选择"移到 x（　）y（　）"，把螃蟹移到舞台范围内的随机位置准备出场，其中两个括号中嵌入了两个圆角矩形积木块，分别获得舞台范围内水平 x 方向和垂直 y 方向坐标的随机数，即图 4.10 所示的脚本中红色方框位置。

（3）使用代码区"控制"模块的无限循环结构的"重复执行"积木块来循环控制小动物们的活动，在整个脚本运行过程中，如果不单击"停止"按钮，脚本将一直运行，小动物们会一直运动。

（4）动物们的动作主要由以下 4 个运动类积木块构成。

① 为了防止碰到边缘反弹后会出现头朝下运动的情况（即倒着走），可以使用"将旋转方式设为（左右翻转）"积木块，使动物正向镜像翻转。

② 动物们运动的方向是会经常改变的，使用"右转 15 度"积木块，角度设置为 1°，可使其平缓地改变运动方向。

③ 使用积木块"移动 2 步"在角色面向的方向上移动 2 步，使其有明显的运动幅度。完整的程序块如图 4.10 所示。

④ 剧本要求动物们不能离开舞台范围，这时就需要使用"碰到边缘就反弹"积木块，使得小动物们碰到舞台四周边缘就向相反的方向运动。

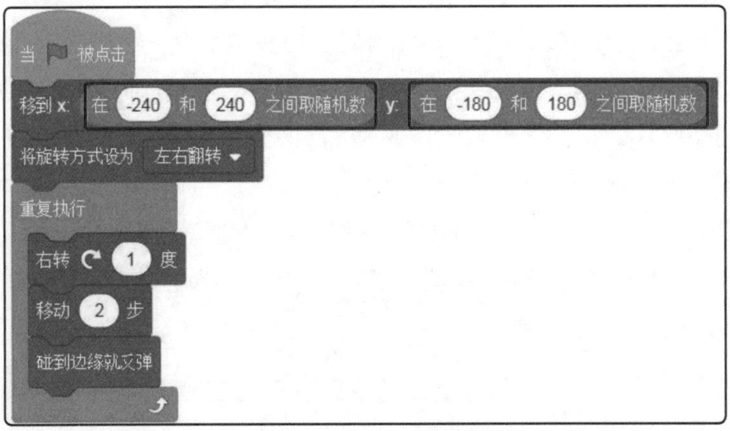

图 4.10 海底世界中螃蟹角色的脚本

其他角色类同，编程过程不再赘述。只要将螃蟹的脚本用鼠标直接拖至其他角色图标的上方即可实现脚本程序的复制，被复制的角色图标会产生轻微抖动，如图 4.11 所示。这样，案例中的所有角色即可快速赋予相同的脚本程序。也可以选择某段脚本，用"Ctrl+C"组合键复制，然后在新角色的脚本区用"Ctrl+V"组合键粘贴脚本。

图 4.11 复制 Crab 角色的脚本

3. 调试保存

在右上角舞台区，单击左上角的绿色旗子，运行程序，观看动画效果。在运行过程中，如果发现错误，可按红色按钮终止程序，返回脚本区对相应角色程序进行修改，直到达到满意的效果为止。

4.2.3 案例要点分析及扩展应用

（1）随机数是 Scratch 程序设计中一种常用的编程方法，所有需要使用数字的地方都可以使用随机数，如位置、速度、大小等。随机数的应用能使程序效果显得更灵动自然。

（2）除了与"碰到边缘就反弹"搭配使用外，"将旋转方式设为（左右翻转）"还常与"旋转"搭配使用。它使角色在普通转角时不显示旋转的状态，但一旦角度达到 180° 或 0° 时就会产生"左右翻转"。

（3）尝试在背景中加入一些气泡及声音让动画更生动。

（4）可以增加一些互动效果，如鲨鱼碰到其他动物会将之吃掉，单击某个动物它就会随着鼠标而移动等。

4.3 场景切换动画

在 4.2 节中，可以通过切换不同角色及其不同造型实现动画效果。实际上，实现动画的方式不止一种，舞台场景的切换也可以带来精彩的动画效果。

4.3.1 场景切换动画概述

在"外观"模块中有两个与场景切换动画相关的积木块。

`换成 背景1 ▾ 背景`：将舞台背景切换成指定的背景图。

`下一个背景`：按导入顺序，切换到当前背景的下一个背景。导入舞台的背景顺序是可以通过鼠标拖动进行调整和改变的。

4.3.2 "外观"积木块

在动画制作过程中，用户常会使用"外观"模块中的积木块进行动画效果的设置，图 4.12 所示为"外观"模块中各积木块的功能。

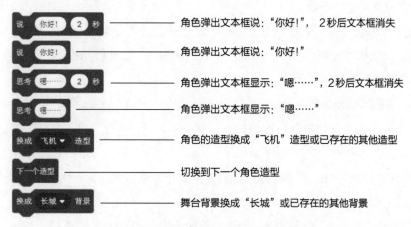

图 4.12 "外观"模块中的积木块功能介绍

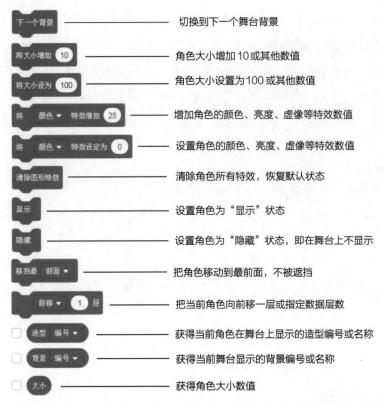

图 4.12 "外观"模块中的积木块功能介绍（续）

4.3.3 要点详解

1. 弹出文本框

在 Scratch 中，为了增加交互效果，角色有时需要说话或思考，可以通过弹出文本框的方式实现。共有 4 个积木块可以实现此功能。

（1）使用"说（你好！）（2）秒"和"思考（嗯……）（2）秒"积木块会弹出角色的对话框，内容分别是"你好！"和"嗯……"，显示 2 秒后消失。角色说出的话或思考的内容及停止的时间数值可根据需要进行设置。

（2）使用积木块"说（你好！）""思考（嗯……）"积木块与上述两个积木块不同的是，它不会停留，继续执行其他动作，但对话框不会自动消失，因此可与控制区的"等待（）秒"积木块组合使用以控制执行时间。

2. 设置角色大小和颜色

在 Scratch 中，角色在运动过程中可以调整大小，可以增加各种特效，还可以清除图形的特效。下面介绍 4 个此类的积木块。

（1）"将大小设为（100）"积木块：控制角色大小，默认为 100，大于 100 则角色放大，小于 100 则角色缩小。

（2）"将大小增加（10）"积木块：会在当前角色大小的基础上增加 10，也可以在圆角框中指定增加的数值（可以为负数，如果为负数则会缩小角色）。

（3）使用积木块"将 [颜色] 特效增加（25）"积木块会为角色添加颜色、鱼眼、漩涡、像素化、马赛克、亮度和虚像特效。图 4.13 所示为各特效选项及一些特效效果图，各种特效的数值设置规则如下。

图 4.13　角色的特效选项及一些特效图

① 颜色：改变角色的色调，数值区间为 1 ~ 200（200 是原始色调），另外，它对黑色几乎无效。

② 鱼眼：通过广角镜头显示角色，或者说，使角色看起来像是在水里，数值区间不限，建议最小值为 −100。

③ 漩涡：让角色围绕其中心点旋转，数值区间不限。

④ 像素化：让角色的图案变成一个个的像素方块，数值区间不限。

⑤ 马赛克：创建多个角色的错觉，数值区间不限。

⑥ 亮度：改变角色的亮度等级，数值区间不限，但建议区间为 −100 ~ 100（−100 为黑色，100 为白色）。

⑦ 虚像：让角色在背景中变为透明，数值区为 0 ~ 100（0 为不透明，100 为完全透明）。

（4）"清除图形特效"积木块：清除所有图形特效，让角色恢复原始状态。这个积木只对"特效"起作用，无其他外观效果。另外，舞台区右上角的红色停止按钮，也有清除所有特效的作用。

3. 显示与图层

当 Scratch 程序有多个角色时，可能有些需要在某个时刻出现，有些则需要隐藏，也可能出现互相遮挡的情况，为了说明谁在上谁在下，就有了图层的概念。

（1）可以使用"显示""隐藏"积木块在某个时间点显示或隐藏某个角色，如捉迷藏游戏等会频繁使用这两个积木块。

（2）使用积木块"移到最［前面］"可以使角色移到最前面或最后面。"［前移］（1）层"积木块可以使角色前移或后移指定数量的层数，前面的角色会遮挡后面的角色。

4.4　动画程序案例 2——"礼赞 70 周年"贺卡设计

4.4.1　目标任务描述

（1）剧本：中华人民共和国成立 70 周年，展现祖国的伟大成就，祝愿祖国越来越强大。若干张图片按顺序切换，并配上"我和我的祖国"背景音乐，最后使用流动字幕，给出赞语。

（2）舞台背景：17 张具有代表性成就的图片。

（3）角色：赞语字幕。

（4）学习重点：背景导入，背景切换，播放音乐，显示及隐藏积木块的使用。程序的素材准备如图 4.14 所示，程序效果画面如图 4.15 所示。

图 4.14　"礼赞 70 周年"贺卡的素材

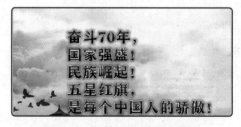

图 4.15　礼赞 70 周年结束赞语

4.4.2　实验步骤

1. 准备工作

（1）单击菜单栏"文件 | 新作品"，新建一个空白文件。

（2）单击舞台窗口的添加按钮，在弹出的选项中选择"上传背景"，按顺序上传准备好的图片背景，各图分辨率大小均为 960×720，上传后均设为满屏显示。单击"声音"选项卡，从中选择一个声音，在展开的菜单中选择"上传"声音，把"我和我的祖国"音乐片段上传，以备之后使用。

（3）删除角色窗口的小猫角色，单击角色窗口的添加按钮，在弹出选项中选择"上传角色"，把准备好的赞语图片上传。

（4）调整各角色的位置及大小，所有的背景和角色等素材准备情况如图 4.16 所示。

图 4.16　礼赞 70 周年素材准备

2. 舞台背景的脚本

（1）单击舞台背景，在代码区输入代码。当程序开始运行时，显示背景图片"中国 1"，也就是换成"中国 1"背景。

（2）在代码区拖动"声音"模块的"播放声音"积木块，播放"我和我的祖国"，这里需要使用"等待 2 秒"积木块，否则第一张图片将一闪而过，我们的眼睛捕捉不到画面。

（3）使用循环结构进行控制，还需要背景切换播放其他 16 张图片，因此在控制模块中选择"重复执行 16 次"积木块，循环中反复执行"下一个背景""等待 2 秒"，完整的脚本如图 4.17 所示。

3. 赞语角色的脚本

因背景切换到最后一张时，赞语角色才在舞台出现，故可知当程序执行时，赞语角色是隐藏的。当背景切换到最后一张时，才显示赞语角色，并把它移动到合适位置开始向上滑动。

图 4.17　背景切换的脚本

（1）单击赞语角色，选择事件模块的"当 █ 被点击"后，选择外观模块的"隐藏"积木块，把赞语角色隐藏起来，如图 4.18 所示。

（2）选择事件模块的"当背景换成 [中国 h]"积木块，然后选择外观模块的"显示"积木块，把赞语角色显示在舞台。使用运动模块的"移到 x: 90 y: -300"积木块，把角色移动到合适的位置，最后选择积木块"在 3 秒内滑行到 x: 90 y: -12"使赞语字幕以合适的速度向上滑行直到合适的位置停止，完整的脚本如图 4.18 所示。

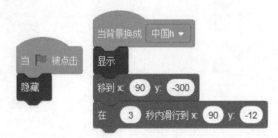

图 4.18　赞语角色的脚本

4.4.3 案例要点分析及扩展应用

（1）当设置角色在舞台上的初始位置时，可直接用鼠标将角色移动到想要到达的位置，此时"运动"类中"移到 x()y()"积木中将自动填入角色的当前位置值，可直接使用该积木设置角色的位置出场。

（2）尝试做一个照片播放器，可以把写真照片（如童年照片或活动照片）制作成播放器，配乐播放，并加以字幕解释。

（3）可以增加一些其他角色的运动，使得画面更加生动。

4.5　动画程序案例 3——海空畅游

4.5.1　目标任务描述

（1）剧本：海空畅游有 4 个场景。第 1 个场景是在长城上空的飞机游览；第 2 个场景是在草原上空的热气球游览；第 3 个场景是在海滩上的汽艇游览；最后一个场景是海底的潜水艇游览。

（2）舞台背景：长城背景、草原背景、海滩背景、海底背景之间按顺序切换，如图 4.19（a）所示。

（3）角色：一个角色的 4 个造型在 4 个场景中进行切换，如图 4.19（b）所示。

（4）学习重点：消息的广播及接收方法，角色动画，背景切换动画的综合应用。

案例的开始界面如图 4.20 所示。

（a）　　　　（b）

图 4.19　4 个背景和角色的 4 个造型

图 4.20　海空畅游开始界面

4.5.2　实验步骤

1. 准备工作

（1）单击菜单栏中的"文件 | 新作品"，新建一个空白文件。

（2）单击舞台窗口的添加按钮，在弹出的选项中选择"上传背景"，单击舞台窗口的添加按钮，在弹出的选项中选择"上传背景"，按顺序上传准备好的 4 张海空图片背景。

（3）单击角色窗口的添加按钮，在弹出选项中选择"上传角色"，把准备好的角色的 4 个造型图片上传。

（4）调整各角色的位置及大小，所有的背景和角色素材的准备情况如图 4.21 所示。

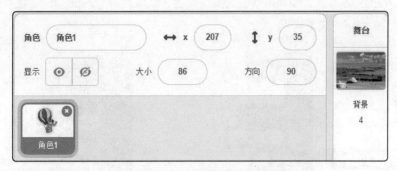

图 4.21　海空畅游素材准备

2. 同一角色不同造型切换脚本

程序运行开始显示长城背景，角色换成飞机造型，设定角色大小，并把角色移动到指定位置说："大家好！今天，我带大家一起来一次海空之旅，我们从长城开始，一起出发吧！"。用循环结构控制循环次数，让飞机从此处运动到彼处。角色在运动过程中，不仅位置发生了变化，大小也会随之变化。当运动条件结束后，广播一条消息，并把背景换成草原，具体的步骤如下。

（1）单击角色，拖曳"事件"模块中的"当🚩被点击"，从"外观"模块中选择"换成（长城）背景"并显示，把当前角色造型"换成（飞机）造型"，使用积木块"移到 x: -200　y: -87"把角色移动到运动初始位置，使用"将大小设为 100"积木块把角色大小设置好。然后使用"说（你好）"积木块，设置说话的文本内容，如图 4.22 所示。

（2）选择"重复执行（75）次"积木块，反复执行"将 x 坐标增加 6""将 y 坐标增加 3""将大小增加 -1"，这样的循环使得角色在运动中不仅位置发生

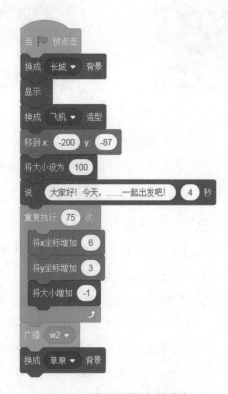

图 4.22　海空畅游之长城游览

了变化，大小也会随之变化。当循环执行完毕，即当前的场景结束，"广播（w2）"（w2 为自定义的消息名称，单击广播积木块中的消息下拉列表，选择新消息，在对话框中输入 w2）把场景"换成（草原）背景"，完整的脚本如图 4.22 所示。

（3）角色"当接收到 w2"后，把角色造型"换成（气球）造型"，位置"移到 x: 231 y: 35"，"将大小设为 80"，并显示文本"看，这是美丽的大草原"2 秒，"重复执行（240）次"下述操作："将 x 坐标增加 −2""将大小增加 0.5"，循环决定角色的运动方向和大小的变化，循环结束后"广播（w3）"将场景"换成（大海）背景"，如图 4.23 所示。

（4）参照上述做法，完成"海滩上的汽艇游览"和"海底潜水艇浏览"程序，脚本分别如图 4.24 和图 4.25 所示。因为海底潜水艇浏览是最后一个场景，所以它的脚本后面添加一个"停止全部脚本"积木块结束程序。

图 4.23　海空畅游之草原游览　　图 4.24　海空畅游之海滩游览　　图 4.25　海空畅游之海底游览

3. 调试保存

在右上角舞台区单击运行程序，观看动画效果。在运行过程中，如果发现错误，可按红色停止按钮终止程序，并返回脚本区对相应角色程序进行修改。

4.5.3　案例要点分析及扩展应用

（1）角色的多造型设计既可以丰富角色的动作（如小猫的左右换脚走路），也可以让角色根据不同场合的需要华丽地"变身"。值得注意的是，Scratch 的角色脚本是针对整个角色而不是针对造型的，同一角色的所有造型都共用该角色脚本。

（2）广播与接收是 Scratch 编程的一种重要机制，它能使角色之间、角色与背景之间得到及时通信及互动，是一种非常好用的编程方法。

（3）尝试修改一下某个场景的重复执行的次数，调整坐标增减数值，体会一下角色运动的速度和位置变化。

（4）增加其他的场景和角色造型，重新设计一下剧本，同时增加动画的效果和趣味性，体会编程的乐趣。

课后习题

一、选择题

1. 使用 Scratch 进行简单的动画制作，下列说法不正确的是（　　）。

  A. 可以制作角色切换动画　　　　　　B. 可以制作角色造型切换动画

  C. 可以制作场景切换动画　　　　　　D. 可以制作矢量动画

2. 下列积木块属于动作模块的是（　　）。

  A. 等待 1 秒　　　　　　　　　　　B. 下一个造型

  C. 碰到边缘就反弹　　　　　　　　　D. 重复执行 10 次

3. 背景的设置方式不包括（　　）。

  A. 从素材库里选择一个背景图片

  B. 上传一个背景图片

  C. 在背景编辑区中绘制一个新背景图

  D. 在舞台区中直接设置和编辑背景

4. 角色的特效不包括（　　）。

  A. 鱼眼和漩涡　　　　　　　　　　　B. 颜色和亮度

  C. 渲染和虚化　　　　　　　　　　　D. 像素化和马赛克

5. 下列关于运动积木块的描述，不正确的是（　　）。

  A. 可以修改角色的面向方向

  B. 可以修改角色的旋转方式

  C. 可以调整角色在舞台上的大小比例

  D. 可以将角色的位置坐标设置为舞台范围的任意值

6. 下列关于外观积木块的描述，不正确的是（　　）。

  A. "说（你好！）（2）秒"积木块弹出气泡显示文字，2 秒后气泡自动消失

  B. "说（你好！）"积木块弹出气泡文字，随后气泡不会自动消失

  C. 可以切换到导入舞台的任意指定角色

  D. 可以切换到导入舞台的任意指定背景

7. 下列说法正确的是（　　）。

    A. 角色只可以放大，不能缩小

    B. 角色的颜色特效的值可以是任意的

    C. 清除图形特效可以清除之前设置的大小及位置等效果

    D. 角色的大小不能显示在舞台上

8. 以下关于角色程序脚本的复制，（　　）操作是不可行的。

    A. 将角色的程序脚本导出为外部文件，再由其他角色导入并使用

    B. 在角色列表区复制角色，则新角色具有与原角色相同的程序脚本

    C. 将一个程序段拖至角色列表区某角色上方，可令该角色拥有相同的程序段

    D. 选择某段脚本，用"Ctrl+C"组合键复制，然后在新角色的脚本区用"Ctrl+V"组合键粘贴，实现脚本复制

二、简答题

1. 简述使用 Scratch 编程的步骤。

2. 使用 Scratch 可以制作哪几种动画？

3. 积木块"说（你好！）"执行完后文本框不会消失，那么怎样让文本框消失呢？

4. 简述角色的各种特效及其值的变化对效果的影响。

第 5 章

键盘控制交互程序设计

▶ **本章学习目标**

- 熟练使用键盘控制各种角色的运动

- 理解脚本的触发方式

- 认识并理解事件模块、侦测模块中积木块的功能

- 理解条件判断结构、循环结构及它们之间的嵌套运用

- 熟悉变量的定义与使用方法以及随机数的使用方法

5.1 脚本的触发

所有 Scratch 程序的脚本在运行前或运行过程中都需要各种各样的触发条件。图 5.1 所示为"事件"模块中的各个积木块及其功能。从图中可以看出 Scratch 的脚本触发方式有 3 种：第 1 种是通过人为操纵来触发脚本运行，涉及使用鼠标、键盘等设备；第 2 种是通过舞台背景切换、外界声音变化、时间的变化等来触发脚本运行；第 3 种是通过脚本之间广播和接收消息来触发脚本运行。

5.1.1 初识事件模块

事件模块中的积木功能如图 5.1 所示。

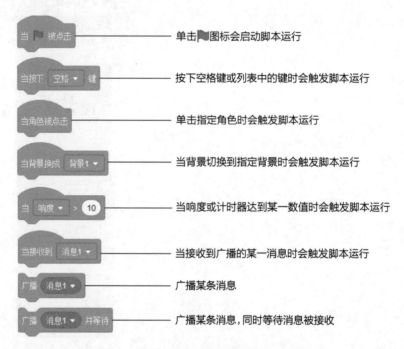

图 5.1 事件模块中的各个积木块及其作用

5.1.2 要点详解

1. 人为操纵触发脚本

涉及使用鼠标、键盘等设备，包括"当 ▌▌ 被点击""当角色被点击""当按下 [空格] 键"等积木块。通过人为地用鼠标单击 ▌▌ 、按键盘中指定的某个键或某些键来触发脚本运行，本章稍后会介绍使用按键触发的方式。鼠标触发的方式将在第 6 章中介绍。

2. 背景、声音、时间的变化触发脚本

在程序的运行过程中，可以选择某些"变化"的时机来触发脚本运行，如通过舞台背景切换、外界声音变化、时间的变化等。例如，使用"当背景换成 [背景 1]"积木块时，单击矩形参数下拉列表，可以选择能够触发脚本时的背景；"当 [响度]> (10)"积木块的矩形参数下拉列表中有一个"计时器"选项，可以设定当响度达到某一个数值或计时器达到某个数值时触发脚本的运行。在后续的内容中，这两个积木块会被陆续介绍和使用。

3. 广播及接收消息触发脚本

广播消息和接收消息的积木块在第 4 章中已介绍和使用过，通过创建消息、广播消息及接收消息进行角色间的通信，以达到触发相应角色脚本运行的目的。

5.2 条件积木

脚本中的条件积木会根据指定的条件来判断并执行不同的脚本。在脚本执行过程中，条件积木会判断指定条件是否满足，如果条件满足即条件为"真"（true），如果条件不满足即条件为"假"（false），然后根据判断的结果执行不同的脚本。

条件积木分为单向条件和双向条件两种类型。

1. 单向条件

图 5.2（a）所示为单向条件结构，当六边形参数框中的条件为真时才会运行空白处的脚本。图 5.2（b）所示仅当角色的 x 坐标大于 0 时，条件为真，才将角色的颜色增加 25 特效，其他情况条件为假，不做任何动作。

2. 双向条件

图 5.3（a）所示为双向条件结构，它会根据条件是否为真来选择运行不同空白处的脚本，即双向条件有两个可以选择执行的分支。图 5.3（b）所示要求判断参数"回答"是否可以被 2 整除，如果条件为真，显示该数是偶数，否则条件为假，显示该数是奇数。

3. 条件结构与循环结构嵌套

条件结构和循环结构可以

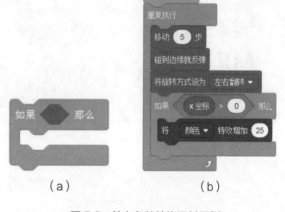

图 5.2　单向条件结构及其示例

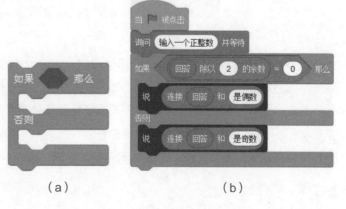

图 5.3　双向条件语句结构及其示例

071

互相嵌套，有 3 种方式的嵌套：条件结构的相互嵌套，循环结构的相互嵌套，条件结构和循环结构之间的嵌套。

图 5.4（a）所示为条件结构的相互嵌套，其实现的功能为：语文成绩大于 90 分且数学成绩大于 95 分，显示"给你一朵小红花！"，否则均显示"继续努力，这次没有小红花！"。

图 5.4（b）所示为循环结构的相互嵌套，外层循环是一个无限循环，角色每移动 10 步就会切换至下一造型并开始执行内层循环，内层循环是限次循环，执行 5 次颜色加特效 25，即颜色变化了 5 次。

图 5.4（c）所示为条件结构和循环结构之间的嵌套，外层循环是无限循环，用来反复执行内层条件判断：只要按键盘上的左箭头，坐标 x 就增加 -50，即角色向左移动；按右箭头，坐标 x 增加 50，即角色右移。

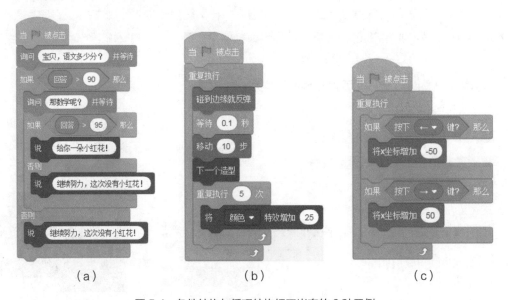

图 5.4　条件结构与循环结构相互嵌套的 3 种示例

5.3 "侦测"模块

在 Scratch 中，有两个类型模块中的积木不能单独存在于脚本中，只能镶嵌在其他含有输入框或条件框的积木块上，这种积木称为参数积木。它包括两个模块，一个是"侦测"模块，另一个是"运算"模块。"侦测"模块不仅能检测某些参数的指标，还能判断特殊的操作，包括触碰判断和按键判断两类，用于对触碰方式和按键方式等条件的侦测，从而引导脚本的运行。运算模块将在第 7 章中介绍，下面详细介绍"侦测"模块中的积木块。

5.3.1　积木块介绍

"侦测"模块中积木块的具体功能如图 5.5 所示。

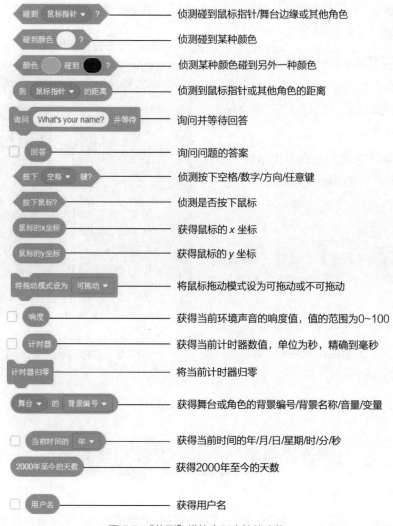

图 5.5 "侦测"模块中积木块的功能

5.3.2 要点详解

几种常用的侦测模块中的积木块的介绍如下。

1. 触碰侦测积木块

触碰侦测的积木块有以下两类。

（1）角色触碰

碰到 鼠标指针▼ ？ ：侦测当前角色在舞台上是否触碰到舞台边缘、鼠标指针或其他角色。

（2）颜色触碰

可以看作角色发生触碰的一种特殊情况，分为两种积木。

碰到颜色 ● ？ ：判断角色是否碰到指定的颜色。

颜色 ● 碰到 ● ？ ：判断角色中的某颜色（左色块）是否碰到指定的颜色（右色块）。

单击颜色后的色块，通过修改颜色的属性值（如颜色、亮度、饱和度）来设置想要的颜色，如果颜色不确定，可以使用吸管工具直接在舞台上吸取需要的颜色。

2. 询问侦测积木块

询问 What's your name? 并等待：角色弹出对话框询问问题，同时在窗口底部弹出一个输入框并等待回答，回答后单击确认勾选按钮，答案保存在"回答"参数中。

□ 回答：用于存放当前询问问题的答案，勾选复选框则该答案会显示于舞台上。

3. 按键及鼠标侦测积木块

（1）按键侦测

按下 空格 ▼ 键?：判断键盘上的空格键、数字键、方向键及任意键是否被按下，如果已按下就返回"真"，否则返回"假"。图 5.6（a）所示为空格参数下拉列表可供选择的选项，图 5.6（b）所示为响应按键触发的选项。

图 5.6　按键侦测和按键触发的选项

（2）鼠标侦测

按下鼠标?：判断是否按下鼠标键，包括左右键。该积木块将在第 6 章中详细讲述。

5.4　键盘控制编程方法

游戏或动画作品在进行交互的时候，可以通过键盘或手柄的上、下、左、右键来控制角色的移动方向，当然也可以通过键盘上其他键来控制角色的移动。不管是使用手柄、键盘，还是鼠标，都可以编写脚本来控制动画中的各种角色移动，本节介绍利用键盘控制角色移动的功能。

5.4.1　按键触发

当需要按键盘中的某个键来触发角色运动时，需要为角色添加"事件"模块的"当按下（空格）键"积木块 **当按下 空格 ▼ 键**。如果需要的按键不是空格，则可以按空格旁边的下三角按钮，并在弹出的列表中选择想要触发的按键选项，列表中可以选择方向键、字母键、数字键及任意键，如图 5.6（b）所示。

5.4.2　按键侦测

在 Scratch 脚本中，不仅可以通过按键来触发脚本，还可以侦测键盘上的某个键或某些键是否被按下，从而根据不同的条件执行不同的脚本。使用"侦测"模块中的"按下'空格'键？"六边形积木块 **按下 空格 ▼ 键?** 可以判断键盘上的某个键是否被按下，还可以判断它是否是空格键、方向键、数字键或字母键等，如图 5.6（a）所示。"按下'空格'键？"在使用过程中通常会被嵌入带有六边形参数框的积木块中，如条件积木和循环积木。如果条件满足则给出响应，如图 5.4（c）所示，判断左右方向键是否被按下，如果指定按键被按将会根据按键的不同做出不同响应，而其他键被按则不做响应。

下面举 3 个例子来深入讲解如何使用键盘进行交互程序的设计。

5.5　键盘控制程序案例 1——牛顿接苹果

5.5.1　目标任务描述

（1）剧本：牛顿角色手中拿着篮子，站在树下等待苹果掉下来并准备接住，按键盘左右方向键控制牛顿移动，牛顿接住一个苹果得 1 分，而如果接到的是一串香蕉则减 5 分，游戏的每次得分都会累计并显示在舞台上，在累积到掉落 120 个水果（包括苹果和香蕉）后，游戏终止。

（2）舞台：苹果园背景。

（3）角色：牛顿，水果篮，苹果 5 个，香蕉一串，结束图片一张。

（4）学习重点：变量的定义与使用，随机数，条件与循环嵌套，触发事件，键盘响应与按键判断，角色触碰判断等。

牛顿接苹果程序画面如图 5.7 所示。

图 5.7　牛顿接苹果程序画面

5.5.2　实验步骤

1. 准备工作

（1）新建空白文件。

（2）上传事先准备好的苹果园背景（背景图片与舞台大小可能不一致，需要将其转换为矢量图，然后调整至舞台大小）、牛顿角色（大小 90）、水果篮角色（大小可以设置为 70）。

（3）从角色库中导入 5 只苹果角色（可复制产生）、1 个香蕉角色。

（4）绘制结束图片角色，如图 5.8 所示。

（5）调整各角色的位置及大小，所有的背景和角色准备情况如图 5.9 所示。

图 5.8　绘制结束图片角色

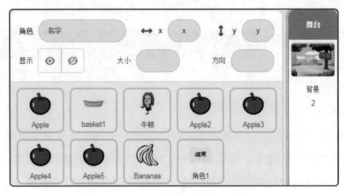

图 5.9　牛顿接苹果所需要的背景和角色

2.　牛顿角色脚本

选择牛顿角色，单击"代码"选项卡，输入图 5.10 所示的脚本。当脚本开始执行时，牛顿端着水果篮，按键盘上的左右方向键使其左右移动。由于牛顿可能会遮挡其他角色如苹果、香蕉、水果篮等，所以首先把牛顿移到最后面（即最底层），并使用无限循环语句使牛顿的移动方向总是跟随水果篮位置。

3.　水果篮角色脚本

（1）单击"变量"模块，建立一个变量，名字为"分数"，并将分数前面的复选框勾选，"分数"会显示在舞台上，创建的过程如图 5.11 所示。再建立一个称为"水果数"的变量，取消复选框勾选，即把"水果数"变量隐藏起来使其不在舞台显示。然后单击水果篮角色，分别设置分数和水果数的变量的值为 0，把水果篮移到所有角色的最前端，并指定合适位置（如 x: -55，y: -95），脚本如图 5.12（a）所示。

图 5.10　牛顿角色脚本

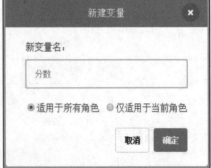

图 5.11　"分数"变量的创建过程

（2）当左右方向键被按下时触发水果篮的动作。下面以按下左方向键为例来说明脚本的设计过程。按左方向键后，触发水果篮向左运动，这个过程是连续反复的，即使用循环语句判断是否有"向右"的箭头被按下，如果按下则循环终止，如果没有被按下则反复执行 x 坐标减 10，当 x 坐标小于 −240 时，说明水果篮此时已经超出了左侧边界，那么就设定其 x 坐标为 −240。如果此时侦测到向右的箭头被按下，则退出循环不再向左移动，此时水果篮向右移动被触发，图 5.12（b）（c）所示分别为按右方向键和左方向键时触发所执行的脚本。

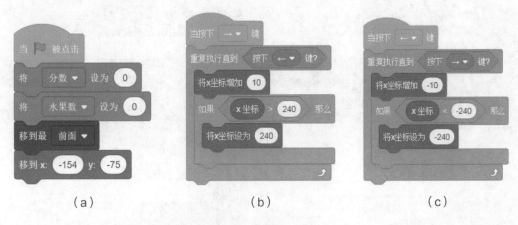

（a）　　　　　　　　（b）　　　　　　　　（c）

图 5.12　水果篮角色脚本

4. 苹果及香蕉角色脚本

5 个苹果角色的脚本是相同的，香蕉的脚本则略有不同。

（1）当程序开始执行，苹果（或香蕉）从上方随机位置反复落下 20 次，在新一轮的掉落前会随机等待 0 ～ 3 秒，并且移动到水平方向的随机位置后开始显示掉落（坐标 x 在 −220 ～ 220 之间随机取值，y 出现的位置固定在 190）。

（2）在掉落的过程中反复判断是否碰到篮子或掉到地上（y 坐标 <−180）这个条件，如果苹果（或香蕉）未碰到篮子或未掉在地上，则 y 坐标反复增加 −15 ～ −1 的随机数，呈现一个速度可变的下落效果，如果碰到篮子或掉在了地上则循环退出。

（3）当水果被篮子接到，则先隐藏，变量"水果数"累加 1。如果接到的是苹果，则将变量"分数"增加 1 分；如果接到的是香蕉，则"分数"增加 −5 分，即减 5 分作为惩罚。当"水果数"的值达到 120 时，广播消息"结束"（单击广播参数新建消息"结束"），通知各个角色游戏结束。类似的，香蕉的脚本也一样，一串香蕉也要反复下落 20 次，不同的是如果被篮子接住，变量"分数"减 5。

（4）当退出循环后，如果苹果（或香蕉）碰到篮子，苹果（或香蕉）隐藏，变量"分数"累加 1（或 −5），变量"水果数"也加 1，然后判断如果变量"水果数"达到 120，广播一个新消息，取名"结束"，通知各角色游戏结束，完整的脚本如图 5.13 所示。

（5）复制脚本至其他苹果角色和香蕉角色，在香蕉角色脚本中将"分数"增加 1 改为增加 −5。

077

5. 结束脚本

当脚本开始运行时，结束角色被隐藏，当接收到广播"结束"消息时，把结束角色移动到最前面，并显示出来，图 5.14 所示为结束角色的脚本及游戏结束画面。

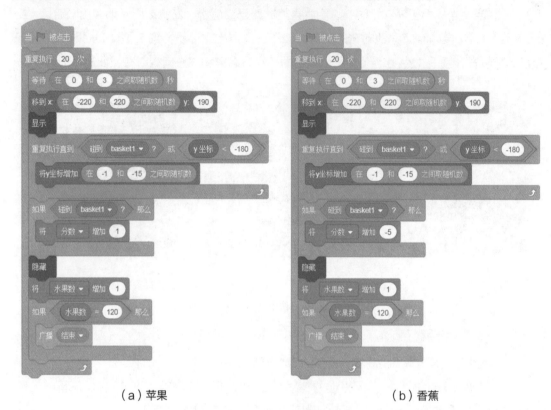

（a）苹果　　　　　　　　　　　　　　　　　（b）香蕉

图 5.13　苹果及香蕉角色脚本

图 5.14　结束角色的脚本及游戏结束画面

5.5.3　案例要点分析及扩展应用

（1）当按向左或向右箭头时，会触发水果篮的移动，这个移动过程是放置在一个带条件的循环中的，只要条件不满足，水果篮就会一直向某一方向移动，直到条件满足才会退出循环。

（2）本例为什么不把牛顿和篮子合并成一个角色？因为那样会导致苹果先碰到牛顿而提前消失，所以篮子要做成一个独立的角色置于最前层，并让牛顿跟随篮子的移动而移动。当然，如果该案例做成"牛顿顶着篮子"，就可以把牛顿和篮子做成一个角色。

（3）"分数"变量的创建是为了增加游戏的趣味性，接到苹果奖励1分，接到香蕉则会被扣5分，从而给用户带来了挑战；而"水果数"变量的创建是为了累积水果数目，当数值达到120个时，就会满足触发结束的条件，于是广播消息"结束"，并通知各个角色的脚本运行结束。

（4）牛顿和水果篮是两个不同的角色，虽然同步运动，但各自执行不同的脚本。脚本运行时，我们不难发现牛顿在移动过程中有时是倒着走的，读者可以尝试改变这种尴尬的情况。

（5）水果在新一轮掉落之前会有一个随机0～3秒的等待时间，这个等待就是为了防止所有的水果同时出现并落下。

（6）当游戏结束画面出现，牛顿端着水果篮依旧响应键盘的左右键，有什么办法可以在游戏结束后让水果篮不再响应键盘的按键呢？

（7）思考该案例中，按方向右键和方向左键时执行的脚本中为什么需要加"重复执行积木"？如果将"重复执行积木"去除，程序会怎么样？

5.6 键盘控制程序案例 2——弹力小球

5.6.1 目标任务描述

（1）剧本：游戏窗口下方是一片水面，上方是6块砖块，在下方水面上有一个挡板，可以通过键盘左右键控制其左右移动，游戏开始角色小球开始下落，用户移动挡板来接住小球，小球在接触到挡板后会反弹，如果碰到左右边缘也会被反弹。如果小球没有被挡板接住掉到水里，游戏显示失败并结束。小球被弹起时如果碰到上面的砖块，砖块会消失，当顶部所有砖块被击落时，会显示游戏胜利并结束。

（2）舞台：北极冰山背景。

（3）角色：小球，挡板，6块砖块，水面线，海星胜利结束画面，北极熊失败结束画面。

（4）学习重点：条件与循环嵌套，触发事件，键盘响应与按键判断，消息广播。

弹力小球游戏失败结束画面和胜利结束的画面如图5.15所示。

（a） （b）

图 5.15 弹力小球失败结束和胜利结束画面

5.6.2 实验步骤

1. 准备工作

（1）新建空白文件。

（2）上传背景库中的北极冰山背景。

（3）从角色库中导入一个篮球（大小设为 50）、一个海星、一只北极熊。

（4）绘制水面（填充颜色为蓝色的矩形）、挡板（紫色的矩形和 6 个圆形的组合）、砖块（带有黑色边框，填充颜色为绿色的矩形），如图 5.16 所示。

（5）给海星角色添加文字"win！"，给北极熊角色添加文字"lost！"，如图 5.17所示。

（6）调整各角色的位置及大小，素材准备情况如图 5.18 所示。

　　　　　　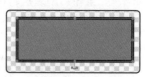

（a）水面线图形绘制　　　（b）挡板角色的绘制　　　（c）砖块角色的绘制

图 5.16　绘制水面、挡板及砖块

图 5.17　给海星和北极熊角色增加文字

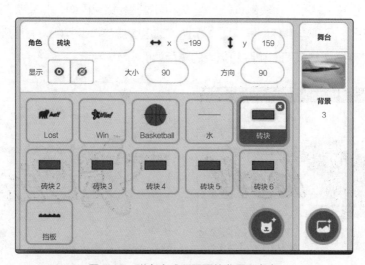

图 5.18　弹力小球所需要的背景和角色

2．挡板角色的脚本

挡板由键盘的左右方向键触发，控制其在水面线上移动。当右方向键被按下，挡板的 x 坐标加 5，此时如果 x 坐标值 > 240，即超出了舞台右侧范围，则设置 x 坐标值为 240，直到按向左的方向键挡板停止向右移动，此时触发挡板向左移动。当挡板向左移动时，x 坐标每移动一次增加 −5，如果 x 坐标值 < −240，超出了舞台左侧范围，此时设置 x 坐标为 −240，直到按右方向键，才停止左移，触发挡板右移，与牛顿接苹果案例中的水果篮脚本相似，这里不再赘述，完整的脚本如图 5.19 所示。

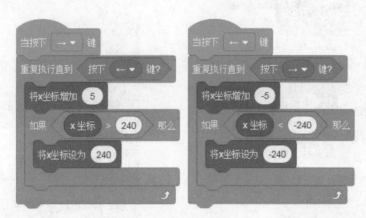

图 5.19　挡板角色的脚本

3．小球角色脚本

（1）脚本开始运行，创建变量 broken 表示砖块的数量，设为 6，把变量 broken 隐藏起来（或将变量名前的勾选取消，也具有相同效果），不显示在舞台。把小球位置调整到（x: 0, y: 100）的位置，使它每次下落的位置固定，下落的方向在 135° ~ 225° 取随机数。

（2）小球下落过程中，反复判断是否碰到水，如果碰到水，广播一条"lost"的消息；如果没碰到水则在当前方向上向前移动 5 步，然后继续判断是否碰到挡板。如果碰到挡板，把小球弹起，方向在 −75° ~ +75° 取随机数；如果碰到舞台边缘，则小球就反弹。完整的脚本如图 5.20 所示。

4．砖块角色脚本

（1）6 个砖块角色的脚本是一样的。当脚本开始运行时，砖块角色被显示，在循环中反复判断砖块的状态，当被小球碰到，砖块隐藏，同时把变量 broken 的数值减 1，如果此时 broken 的数值为 0，则表示砖块全部被打掉，广播一条"OK"的消息，游戏结束，完整的脚本如图 5.21 所示。

（2）复制砖块脚本至其他 5 个砖块角色中。

5．Win 和 Lost 角色脚本

脚本运行开始，Win 和 Lost 画面角色是隐藏的，当 Win 角色接收到 OK 消息后，角色显示，并停止运行全部脚本，游戏以胜利结束；当 Lost 角色接收到 lost 消息后，角色显示，并

停止全部脚本，游戏以失败告终。完整的脚本如图 5.22 所示。

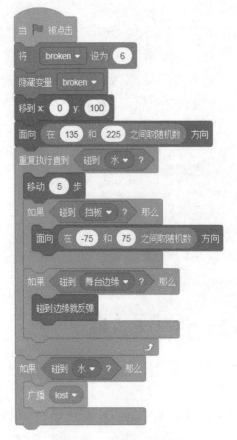

图 5.20　小球角色的脚本

图 5.21　砖块角色的脚本

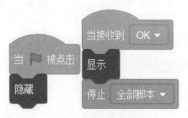

（a）Win 角色脚本

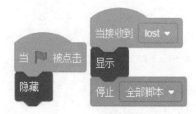

（b）Lost 角色脚本

图 5.22　Win 角色和 Lost 角色的脚本

5.6.3　案例要点分析及扩展应用

（1）因为角色移动的方向取决于角色当前的面向方向，所以"移动（　）步"积木通常与"面向（　）方向"积木搭配使用。此外，当小球于一定方向碰撞舞台边缘后，"碰到边缘就反弹"积木让小球发生反弹，此时会根据小球碰撞前的方向产生一个反弹方向，两方向的关系类似镜面反射中光线入射方向与反射方向的关系。

（2）脚本中小球下落的方向设置为 135°～225° 的随机数，思考一下，能不能设置成

90°～270°的随机数？为什么？

（3）思考一下挡板被绘制成圆形突出的形状，是为了美观吗？如果设置挡板为平的会对游戏产生影响吗？

（4）可以尝试把砖块设置为两层或三层，甚至可让砖块逐个缓慢地降落，当有砖块掉到水里时游戏失败。

5.7　键盘控制程序案例 3——迷宫闯关

5.7.1　目标任务描述

（1）剧本：角色大豆子由键盘上的 4 个方向键控制走迷宫，它想要吃掉所有小豆子，并且不被幽灵碰到。角色幽灵随意移动，如果碰到大豆子，则游戏以失败结束；大豆子在移动的过程中如果碰到迷宫的围墙或舞台四周的蓝色边缘，大豆子会回到最初位置重新移动；只有当大豆子吃到全部的小豆子后游戏才以胜利结束。

（2）舞台：蓝色迷宫围墙的黑色背景图案。

（3）角色：一颗大豆子，一个幽灵，15 颗小豆子。

（4）学习重点：键盘的响应与侦测，角色触碰和颜色触碰事件。

图 5.23 所示为迷宫闯关的主画面。

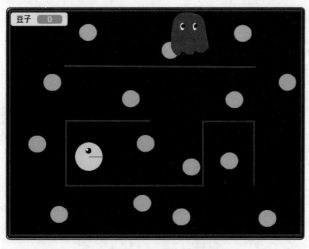

图 5.23　迷宫闯关的主画面

5.7.2　实验步骤

1. 准备工作

（1）新建空白文件。

（2）绘制黑色背景，并用蓝色粗线（线粗 5）绘制出沿舞台四周的迷宫外轮廓、内部迷宫围墙及绿色的小豆子，如图 5.24 所示。

（3）导入预先绘制好的大豆子角色的两个造型及幽灵角色，如图 5.25 所示。

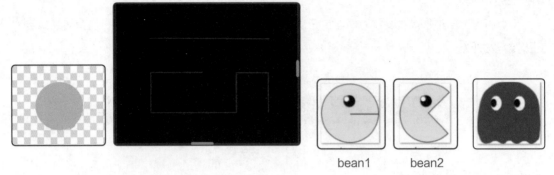

bean1   bean2

图 5.24 绘制小豆子及迷宫围墙   图 5.25 大豆子角色的两个造型及幽灵角色

（4）导入音乐库中的音乐 Bite 和上传音乐"game_sound.wav"。

（5）调整各角色的位置及大小。素材的准备情况如图 5.26 所示。

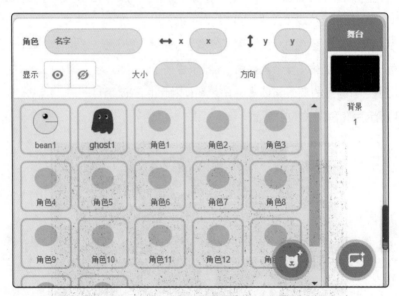

图 5.26 迷宫闯关的背景及所有角色

2．大豆子角色脚本

（1）当脚本开始运行，显示大豆子角色。设置大豆子大小为 15，移动到初始位置（x: -108，y: -52），并切换至 bean1 造型出现在舞台上。

（2）创建一个变量，名为豆子，初值设为 0，用来保存大豆子吃掉的小豆子个数。将大豆子的旋转方式设置为左右翻转。播放音乐"game_sound"。

（3）在无限循环积木中反复检测大豆子角色是否碰到蓝色边缘或蓝色围墙，如果碰到蓝色边缘就回到原点（大豆子最初出现的位置为 x: -108，y: -52）。参见图 5.27 所示最左侧的脚本。

（4）大豆子出现在舞台的同时会响应键盘上下左右方向键，当按下某个方向键后，大豆子转向箭头所指方向，移动 10 步后，切换到下一个造型，造型的反复切换使得大嘴一张一合，呈现出张嘴吃豆子的效果。

（5）当大豆子角色接收到消息"成功"，大豆子移动到（-30,0）的位置，并将造型换成bean2，大小设置为 100，停止全部脚本运行，以特别大的造型展现胜利结束的画面，大豆子的完整脚本如图 5.27 所示。

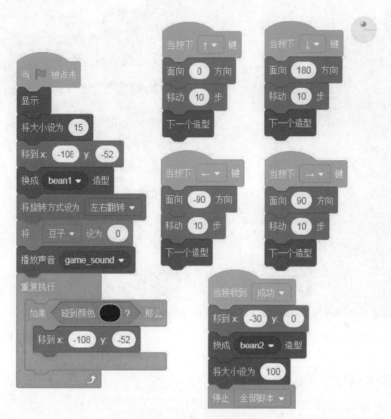

图 5.27　大豆子角色的脚本

3. 小豆子角色脚本

（1）当脚本开始运行，15 个小豆子全部被显示。

（2）执行无限循环反复判断是否碰到大豆子，如果碰到播放声音"Bite"，小豆子隐藏，将"豆子"变量加 1；如果变量"豆子"值为 15，说明全部的小豆子都被大豆子吃掉，则广播消息"成功"，通知各角色游戏胜利结束。小豆子角色完整的脚本如图 5.28 所示。

4. 幽灵角色脚本

（1）当脚本开始运行，幽灵角色 ghost1 被显示，大小设置为 20，移动到指定位置（x: 197，y: 128）；将幽灵角色移动到最前端，将旋转方式设置为左右翻转，等待 3 秒。

（2）执行直到型循环反复判断是否碰到大豆子，如果没有碰到大豆子，则随机移动（右转 1 度，移动 3 步），如果碰到边缘就反弹；如果碰到大豆子，循环终止，ghost1 角色位置移动到（x: 0，y: 0），大小设置为 80，使幽灵变大，然后停止全部脚本运行，游戏以失败告终。

（3）当接收到"成功"的消息，则幽灵角色隐藏。幽灵角色的完整脚本如图 5.29 所示。

图 5.28　小豆子角色的脚本

图 5.29　幽灵角色的脚本

5.7.3　案例要点分析及扩展应用

（1）本例中，使用键盘上的上下左右方向键来控制大豆子进行移动，大豆子每走 10 步切换一下造型，产生大嘴一张一合的效果。在移动的过程中，大豆子尽量避开幽灵，如果实在躲不开可以触碰迷宫的围墙回到最初位置以进行躲避。本例中只有当大豆子成功吃掉 15 个小豆子后，才广播通知"成功"的消息。大豆子接收到"成功"的消息会切换到自己张大嘴的造型，并把自己放大显示，幽灵接到"成功"的消息会隐藏自己，而大豆子碰到幽灵后就再也吃不了小豆子了，同时幽灵会放大数倍显示在舞台中央以炫耀它的胜利。

（2）我们可以尝试设计多个迷宫背景进行切换。

（3）思考一下，如果想让每个小豆子都在随机位置出现，要如何修改脚本？

（4）以本例为样本，编写一个贪吃蛇的程序，使用方向键控制贪吃蛇的移动，在吃到一个苹果后贪吃蛇变长（这里可以使用切换造型完成，也可以使用后面学习的克隆来完成），当吃到一朵小花或碰到四周的墙壁时，游戏结束。

课后习题

一、选择题

1. 以下（ ）按键是不能用来触发脚本运行的。

    A. 数字键   B. 字母键   C. 功能键   D. 方向键

2. 关于条件判断结构，下列说法错误的是（ ）。

    A. 有单向条件结构和双向条件结构之分

    B. 单向条件结构可以和双向条件结构互相嵌套

    C. 双向条件结构之间可以嵌套

    D. 条件结构和循环结构之间不能嵌套

3. 以下（ ）不是触碰侦测相关的积木块。

    A. 碰到鼠标指针   B. 碰到某种颜色

    C. 碰到某个角色   D. 碰到某个造型

4. 想使用绘制好的图画作为 Scratch 的背景，应选择下列操作（ ）。

    A. 从背景库中选择背景   B. 在造型区绘制新背景

    C. 从本地文件中上传背景   D. 拍摄照片当作背景

5. 要使 Scratch 中的角色切换造型，可选用下列（ ）指令。

    A. 将角色的大小增加 10   B. 当作为克隆体启动时

    C. 碰到边缘就反弹   D. 下一个造型

6. 以下说法正确的是（ ）。

    A. Scratch 复制角色时，既复制角色的造型，又复制角色的脚本代码

    B. Scratch 不支持角色的复制

    C. Scratch 支持角色的复制，但只能复制角色的造型

    D. Scratch 复制角色时，只能复制角色的脚本代码

7. 以下关于脚本代码，说法正确的是（ ）。

    A. 只有以"当小绿旗被点击"积木开头的脚本程序才会被执行

    B. 只有角色才能添加脚本代码，背景不能添加脚本代码

    C. 一个角色只能使用一次"当小绿旗被点击"积木

    D. 一个角色可以有多段脚本程序，可以存在多个"当小绿旗被点击"积木

8.关于角色的坐标，以下说法错误的是（　　）。

　　A. Scratch 既可以设置角色在舞台上的坐标，也可以获得角色在舞台上的当前坐标值

　　B. Scratch 可以设置角色在舞台上的坐标，但不能获得角色在舞台上的当前坐标值

　　C. 可以设置角色向 x 方向或 y 方向的移动量

　　D. 可以让角色在指定时间内移动至某个坐标位置

二、简答题

1.什么是条件结构？条件结构有哪几种类型？举例说明它们的区别。

2.在 Scratch 中，脚本的触发方式有几种？请分别说明其用途。

3.什么是参数积木？参数积木有哪几类？

4.想一想，能否改造一下"牛顿接苹果"案例，增加一个人物"爱因斯坦"和一个篮子，通过其他按键控制它们的移动，做成双人联手游戏。比一比牛顿和爱因斯坦谁接的苹果多。

第 6 章
鼠标控制交互程序设计

▶ **本章学习目标**

- 认识和使用 Scratch 程序中鼠标交互控制时所使用的积木块
- 掌握鼠标按键触发与侦测的编程方法
- 了解画笔及计时器的使用方法
- 培养用户运用鼠标进行交互程序开发的思维能力

6.1 鼠标控制编程方法

在 Scratch 脚本中，最常使用的互动操作就是角色的鼠标控制，如单击、拖曳、碰触鼠标指针，判断与鼠标指针的距离或获得鼠标指针坐标位置等。

1. 鼠标单击角色触发脚本

当角色被点击 ：通过单击角色触发脚本运行，即使用"事件"模块中的"当角色被点击"积木块，使得角色被鼠标单击时触发脚本运行，例如，游戏中的按钮或开关等可以通过单击此类对象触发游戏的开始或某些事件发生。

2. 侦测鼠标相关的积木块

使用"侦测"模块中的几个与鼠标相关的积木块，可以判断鼠标的按键是否被按下，角色是否碰到鼠标指针等控制脚本的执行或角色的运动，也可以获得角色到鼠标指针的距离，或鼠标处的坐标参数，从而达到交互控制的目的。

按下鼠标? ：判断鼠标键（包括左键、中键、右键）是否被按下，它是六边形的条件积木块，作为一个判断条件只能镶嵌在其他带有条件框的积木块中。

碰到 鼠标指针 ▾ ? ：判断当前角色是否碰到鼠标指针，也是六边形的积木块。

到 鼠标指针 ▾ 的距离 ：获得当前对象到鼠标指针的距离。

鼠标的x坐标 鼠标的y坐标 ：获得鼠标指针处的 x、y 坐标。

将拖动模式设为 可拖动 ▾ ：设置角色为可拖动或不可拖动状态。

3. 跟随鼠标移动积木块

移到 鼠标指针 ▾ ：使某个角色移动到鼠标指针位置。配合循环语句，可以让角色随鼠标指针移动；配合条件语句，可以让满足条件的角色移动到指定位置，如棋类游戏中落子的动作等。

下面通过几个例子，使用上述与鼠标相关的积木块来实现鼠标控制脚本运行及互动效果。

6.2 鼠标控制程序案例 1——找不同

6.2.1 目标任务描述

（1）剧本：对比左右两侧图片，找到不同则用鼠标单击右图，不同处便会圈起，每个场景均有三处不同，全部找到可进入下一关（场景），游戏一共三关（全程计时），三关全部通过将显示用户所用时间并结束程序。

（2）舞台：首页提示背景，3 个找不同关卡的图片背景（一共 4 个背景按顺序切换）。

（3）角色：3个关卡中9个"不同之处"的角色分别称为角色1～角色9，圈，一张 Congratulation 结束图片角色，一只飞猫名为角色10。

（4）学习重点：背景切换动画，角色虚像的应用，消息广播和接收，鼠标触发事件，鼠标响应与按键判断计时器及画笔的使用。

案例程序效果如图 6.1 所示，首页效果如图 6.2 所示，结束时的计时反馈效果如图 6.3 所示。

图 6.1 "找不同"程序效果图

图 6.2 "找不同"首页效果图

图 6.3 程序结束效果图

6.2.2 实验步骤

1. 准备工作

（1）新建空白文件。

（2）上传事先准备好的 4 张背景图片，名称分别为"首页""p3""p2"和"p1"，再上传角色"圈"图片，如图 6.4 所示。

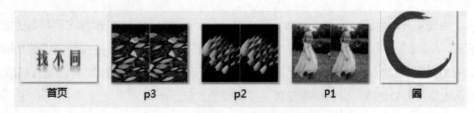

图 6.4 需要上传的背景和角色素材

（3）绘制角色 1 ~ 角色 9：绘制角色 1 并将之填充为紫色，通过复制角色 1 得到角色 2 和角色 3；复制角色 1 并修改其填充颜色为浅绿色，复制得到角色 4 ~ 6；角色 7 是绘制椭圆形并旋转句柄得到的，如图 6.5（a）所示，复制角色 7 得到角色 8 ~ 9。角色 Congratulation 的绘制过程与第 5 章牛顿接苹果中的游戏结束画面类似，图 6.5（b）所示即为角色 Congratulation 的绘制效果。

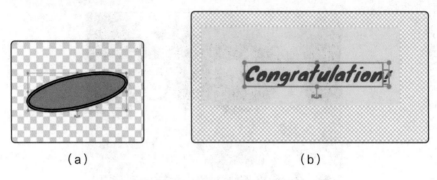

（a）　　　　　　　　　　　　　　（b）

图 6.5　角色 7 和 Congratulation 角色的绘制

（4）从角色库导入飞猫（Cat Flying）角色，调整各角色的位置及大小，素材的准备情况如图 6.6 所示。

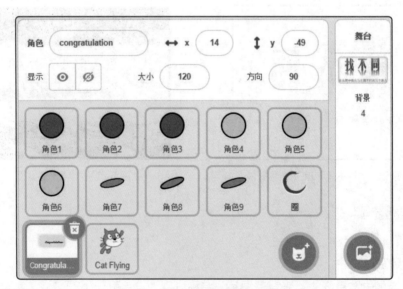

图 6.6　"找不同"游戏的素材准备

2. 背景脚本

（1）当脚本开始运行，使用"画笔"模块中的"全部擦除"积木块擦除之前舞台上绘制的一切笔迹，"画笔"类积木需通过 Scratch "扩展模块"导入，导入方法和画笔详细功能介绍请参见第 10 章。定义 3 个变量为"p1 正确数""p2 正确数""p3 正确数"，并设置其初值为 0，取消勾选变量前面复选框，以将变量隐藏，不在舞台上显示出来。

（2）使用"侦测"模块的"计时器归零"积木块将计时器启动并归零，把舞台背景设置为

"首页"，等待 3 秒，让用户有足够的时间理解游戏的过程，然后切换至背景 p1。

（3）当接收到消息"完成 1"时把背景切换至 p2，并擦除之前留下的笔迹。

（4）当接收到消息"完成 2"时再把背景切换至 p3，也及时擦除之前留下的笔迹。背景的完整脚本如图 6.7 所示。

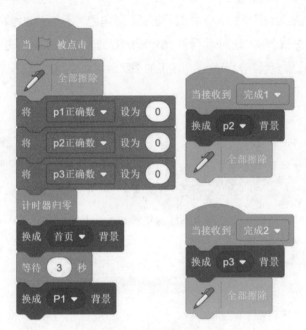

图 6.7　背景的脚本

3．"不同处"角色的脚本

在脚本编写前，先将两图"不同处"角色 1～角色 9 放置在右侧图片的不同处，图 6.8 所示为第一张背景图片上不同处的标记。9 个"不同处"角色 1～角色 9 的脚本基本相同，下面以角色 1 为例介绍脚本的编写过程，其他角色脚本复制修改即可。

（1）当脚本运行开始时，角色 1～角色 9 是隐藏的。

（2）当背景换成 p1（p2/p3）后，使用"外观"模块中的"将 [虚像] 特效设定为 99"积木块将角色 1（或角色 2～角色 9）设置为透明的，并且显示出来，虚像设置参看第 4 章外观模块的详细介绍。

（3）当"不同处"角色 1（或角色 2～角色 9）被鼠标单击时，即找到一处不同，则广播一条消息"yes"并隐藏。将 p1 正确数（或 p2/p3 正确数，与背景名一致）增加 1，如果 p1（或 p2/p3）正确数为 3，说明这个背景下的 3

图 6.8　按"不同处"的所在位置放置圆形角色

的 3 个不同处均已被找出，则等待 1 秒，广播一条消息"完成 1"（如果在 p2 背景下，则"完成 2"，同理在 p3 背景下，则"完成 3"），完整的角色 1 脚本如图 6.9 所示。

4. 画圈的脚本

（1）当脚本运行时，角色"圈"被隐藏。

（2）当接收到消息"yes"时，即不同处已被找到，角色"圈"移动到鼠标指针位置并显示。使用"画笔"模块的"图章"积木块对照"圈"角色复制圈到背景上，绘制好圈后，"圈"角色隐藏，为防止再次被点到进行重复绘制，可将图章留下的图案保留。完整的脚本如图 6.10 所示。

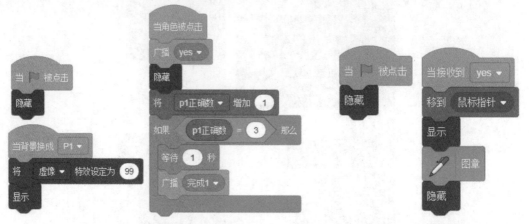

图 6.9 "不同处"角色 1 的脚本　　　　图 6.10 画圈的脚本

5. Cat Flying 角色的脚本

（1）当脚本运行时，飞猫隐藏。

（2）当接收到最后一关结束"完成 3"消息，即已完全通关，显示飞猫，并把它移至最前面。

（3）使用"外观"积木块"说（ ）"显示消息框，所用时间是 ×× 秒。这里显示的是一个字符串连接结果：所用时间是 + 计时器所记录的时间 + 秒，如图 6.11 所示。

6. 角色 Congratulation 结束脚本

（1）当脚本运行时隐藏。

（2）当全部完成，接收到消息"完成 3"时显示，脚本如图 6.12 所示。

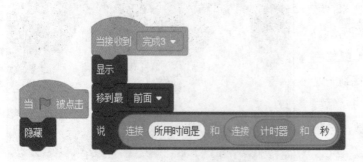

图 6.11 角色 Cat Flying 的脚本　　　　图 6.12 角色 Congratulation 的脚本

6.2.3 案例要点分析及扩展应用

（1）在上述例子中，只使用了"当角色被点击"一种鼠标触发方式，即"不同处"角色被鼠标单击触发脚本的运行。某一关中"不同处"被找到一个，就累积找到的个数，同时为不同处画圈，当累积到3个时发布消息，通知这一关结束，进入下一关。

（2）"不同处"角色脚本中，如果取消"将虚像特效设置为99"会怎样？这个积木块和隐藏积木块的区别在什么地方？

（3）角色"圈"既然已被显示出来，为什么还要使用"图章"绘制？如果不绘制这一步骤，结果会怎样？

6.3 鼠标控制程序案例2——地球守卫者

6.3.1 目标任务描述

（1）剧本：外星人入侵，按"开始"按钮开始防御，进入作战状态，我方战机在鼠标的控制下移动躲避，并发射子弹，试图击落迎面飞来的敌机。战斗过程中，我方战机躲避不当碰到对方战机，则阵亡，当我方战机累计击落50架敌机，则守卫地球成功。

（2）舞台：星空背景。

（3）角色："开始"按钮，我方战机，子弹，敌方不同类型的战机6架，阵亡和守卫成功结束图片角色各一张。

（4）学习重点：变量的定义与使用，随机数，条件与循环嵌套，鼠标触发事件，鼠标响应与按键判断，角色触碰判断，播放和使用音效等。

图6.13所示为守卫地球成功和阵亡的结束界面。

图6.13 守卫地球成功和阵亡的结束界面

6.3.2　实验步骤

1. 准备工作

（1）新建空白文件。

（2）从背景库中导入星空背景 Stars，上传我方飞机、子弹、敌机 1～敌机 6 角色。

（3）从角色库中导入 1 个按钮，并在按钮上绘制文字"开始"（插入"所有"类中的"Botton1"，在造型窗口为其增加天蓝色"开始"字样），如图 6.14 所示，绘制阵亡角色结束图片和守卫成功角色结束图片（文字要求有一圈粗细为 1 的蓝色矩形无填充边框），如图 6.15 所示。

图 6.14　"开始"按钮的制作

图 6.15　"守卫成功"和"阵亡"的制作

（4）分别为敌机 1～敌机 6 角色添加声音：从系统声音库"效果"类中导入"Zoop"声效。

（5）调整各角色的位置及大小，所有的背景和角色准备如图 6.16 所示。

图 6.16　守卫地球素材准备

2. "开始"按钮角色的脚本

（1）当脚本开始运行，"开始"按钮出现在界面上，即显示"开始"按钮。

（2）鼠标单击"开始"按钮，即当角色被单击时，"开始"按钮隐藏，创建并广播消息"begin"，通知各个角色，游戏开始，图 6.17 所示为完整的"开始"按钮角色的脚本。

图 6.17　"开始"按钮角色的脚本

3. 我方战机和子弹角色的脚本

（1）我方战机脚本：当接收到"begin"消息时，创建名为"战绩"的变量，设置其初值为0，使用无限循环结构，用鼠标控制"我方战机"，即"我方战机"始终跟随鼠标移动，图6.18所示为我方战机角色的脚本。

（2）子弹脚本：当接收到消息"begin"时，使用无限循环结构，子弹从我方战机位置发出，从下至上运动，即每次移动，y坐标加30，直到子弹碰到舞台边缘退出舞台，重新从我方战机处发出。图6.19所示为子弹角色的脚本。

图6.18 我方战机角色的脚本

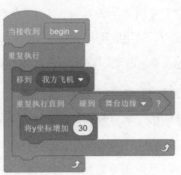

图6.19 子弹角色的脚本

4. 敌机角色的脚本

（1）敌机1～敌机6角色的脚本相同，以敌机1角色为例，当接收到消息"begin"，创建一个名为"战绩"的变量，勾选变量前的复选框，使其显示在舞台，初值为0。

（2）使用嵌套的循环结构控制敌机的运动和行为。第一层是无限循环，控制敌机反复出现，即敌机有无数条命，第二层循环控制敌机出现一次的整个生命周期的活动。首先敌机1～敌机6每次重生出现在x坐标(-200，～200)之间取随机数，y坐标固定在140的位置。

（3）在敌机的一个生命周期里，敌机一直向下飞行，如果敌机碰到舞台下边缘，则重新在随机位置复活（显示）。如果没有达到边缘，则将y坐标增加-5，同时在下落过程中，如果碰到我方战机，则同归于尽，创建并向各角色广播一条消息"boo"，如果碰到我方子弹，则将变量"战绩"增加1，导入并播放声音Zoop，然后隐藏。判断变量"战绩"是否达到50，如果达到，创建并向各角色广播一条

图6.20 敌机角色的脚本

消息"win"，游戏结束，保卫地球成功，图 6.20 所示为敌
机角色的脚本。

（4）复制角色 1 的脚本至其他敌机角色中。

5. 阵亡和守卫成功角色的脚本

（1）阵亡角色脚本：阵亡角色在游戏开始时是被隐藏
的，当接收到"boo"消息时，显示并停止全部脚本的运行，
游戏以失败结束，脚本如图 6.21 所示。

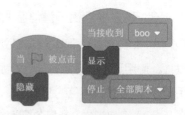

图 6.21　阵亡角色的脚本

（2）守卫成功角色脚本：守卫成功角色在脚本运行开始
时也是隐藏的，当接收到"win"消息时被显示出来，并停
止运行全部脚本，游戏以胜利结束，脚本如图 6.22 所示。

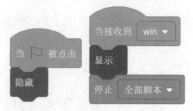

图 6.22　守卫成功角色的脚本

6.3.3　案例要点分析及扩展应用

（1）本例中，子弹发出是有声音效果的，可以尝试让我方战机与敌机相撞的时候也有特效
的声音，同时撞机的时候也可以让角色切换一下造型，使得动画场面更加生动逼真。

（2）尝试运用第 5 章所学的键盘按键响应方法来切换不同造型的子弹，也可以尝试让敌
机也发射子弹以增加游戏难度。

（3）可以为游戏场景设置更多的背景，并通过切换背景来设置不同关卡。

6.4　鼠标控制程序案例 3——打地鼠

6.4.1　目标任务描述

（1）剧本：绿草地上有 8 个地鼠洞，会不时钻出地鼠，玩家拿锤子打地鼠，锤子跟随鼠标
移动，如果打到地鼠，屏幕显示的"数量"累加 1。

（2）舞台：带地鼠洞的绿草地。

（3）角色：8 只地鼠，1 个锤子。

（4）学习重点：角色造型切换，变量
的定义与使用，随机数，条件与循环嵌套，
鼠标触发事件，鼠标响应与按键判断，角
色触碰判断等。

该案例的界面效果如图 6.23 所示。

6.4.2　实验步骤

1. 准备工作

（1）新建空白文件。

图 6.23　打地鼠游戏界面

（2）上传事先准备好的带洞的绿草地背景，以及地鼠角色和锤子角色的两个造型，图6.24所示为锤子上和锤子下的两个造型。

（3）从声音库中导入Pop声音。

（4）调整各角色的位置及大小，所有的背景和角色准备如图6.25所示。

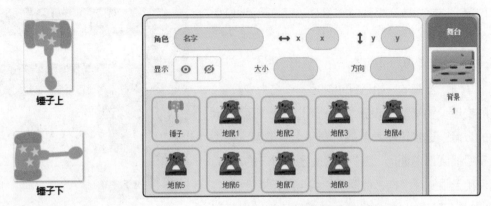

图6.24　锤子上和锤子下的两个造型　　　　图6.25　打地鼠游戏素材准备

2. 地鼠角色的脚本

（1）脚本编写之前，将地鼠1角色调整到左上角洞洞的位置，大小设为40，图6.26所示为地鼠1角色的位置及大小设置，然后编写地鼠1角色的脚本。地鼠脚本的结构描述大体为：使用无限循环结构使得地鼠反复隐藏、出现以及被打的过程。

图6.26　地鼠1角色的位置及大小设置

（2）游戏开始，地鼠是隐藏在洞里面的，在等待3～5秒的随机数时间（注意，每只地鼠随机等待的时间均不相同）后，地鼠出现在洞外，并一直等待。直到被锤子碰到且锤子砸下去，即地鼠角色碰到锤子并且单击鼠标两个条件同时满足时，创建并广播一条消息

"哎哟！"，等待 0.2 秒后地鼠再次隐藏。

（3）在角色区域选择"地鼠1"角色，复制生成其他 7 只地鼠角色，这些角色将具有与"地鼠1"相同的大小和脚本程序，然后调整其初始位置，使其对应某个洞口。图 6.27 所示为地鼠角色的脚本。

3. 锤子角色的脚本

（1）当脚本开始运行，创建一个名为"数量"的变量，将其初值设置为 0，用以统计打到地鼠的数量。选择锤子角色的"锤子上"造型，将锤子"移到最前面"，以方便清楚显示锤子的动作。使用无限循环结构，使锤子始终与鼠标指针同步，即把锤子移到鼠标指针处，使得锤子跟随鼠标移动来击打地鼠。

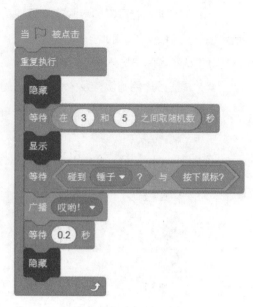

图 6.27　地鼠角色的脚本

（2）当单击鼠标时锤子落下，即把"锤子上"的造型换成"锤子下"，同时播放 Pop 声音，等待 0.05 秒，再换成"锤子上"造型。

（3）当接收到消息"哎哟！"时，将变量"数量"增加 1，脚本如图 6.28 所示。

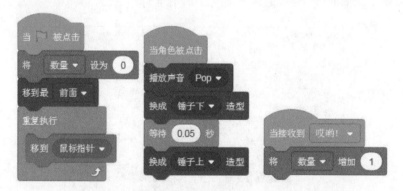

图 6.28　锤子角色的脚本

6.4.3　案例要点分析及扩展应用

（1）"重复执行"积木是一种没有结束条件的无限循环结构，这种结构也称为"死循环"。常规的程序语言在编程时都会规避使用"死循环"，但 Scratch 允许使用这种结构来实现某些特殊的无条件重复功能，如角色永远跟随鼠标或角色永远在眨眼睛等，当程序因其他原因结束时，"重复执行"也会自动结束。

（2）这个地鼠是一个"傻"地鼠，从出现开始就等待锤子的击打，如何设置其出现一个随机秒数后隐藏呢？如何修改脚本使它变成一个聪明的地鼠呢？

（3）这是一个无限循环的游戏，不会终止。请尝试设计一个合理的终止条件，让脚本在一个合理的触发条件下结束。

（4）锤子造型落下抬起之间"等待 0.05 秒"是为了显示锤子的动作。请尝试取消这个等待的时间，看看结果会怎样？

（5）尝试在地鼠被打到的时候切换一种造型，也可以让被打到的地鼠发出声音或弹出一个对话框来显示一句话。

课后习题

一、选择题

1. 下列（　）选项不是常用的互动鼠标控制操作。

  A. 单击或拖曳 　　　　　　　　B. 双击左键或单击鼠标右键

  C. 触碰鼠标指针 　　　　　　　　D. 判断与鼠标的距离或获得鼠标指针坐标位置

2. 要使 Scratch 中的角色在舞台上绘图，应选用下列命令（　）。

  A. 清空并抬笔 　　　　　　　　B. 落笔并移动 10 步

  C. 将画笔颜色设定为 0 　　　　　D. 将画笔粗细增加 1

3. 控制画笔移动时，下列（　）语句是向左移动的。

  A. 面向 90° 方向 　　　　　　　B. 面向 −90° 方向

  C. 面向 0° 方向 　　　　　　　　D. 面向 180° 方向

4. 小明用 Scratch 程序设计了一辆小汽车，可是汽车的两个轮子在转动时高低不平。最有可能的原因是（　）。

  A. 路面不平 　　　　　　　　　B. 两个车轮没有选用同一种颜色

  C. 车轮没有设好角色中心点位置 D. 轮子超出屏幕显示的范围

5. 用户不能从当前角色信息中看到（　）

  A. 角色的名字 　　　　　　　　B. 角色的 x 和 y 位置

  C. 角色的所有造型 　　　　　　D. 角色的大小

6. 可以使用（　）功能积木来控制每个角色出场的时间。

  A. 隐藏 　　　　　　　　　　　B. 图章

  C. 计时器 　　　　　　　　　　D. 下一个造型

7. 程序中要让角色发出某种音效时，应操作（　）。

  A. 需要先为角色添加声音，再在程序中使用播放声音功能积木

B. 需要先为角色添加声音，再在程序中使用"说（）"功能积木

C. 不需要先添加声音，直接使用播放声音功能积木选择和播放声音

D. 不需要先添加声音，直接使用"说（）"功能积木选择和播放声音

8. 在事件类功能积木中，不存在以下（　　）积木。

A. 当按空格键　　　　　　　　B. 当角色被点击

C. 当背景被点击　　　　　　　D. 当小绿旗被点击

二、简答题

1. 在 6.2 节中，画圈脚本的第 2 步抬笔后，为什么要隐藏圈？缺少这步隐藏会怎样？为什么会这样？

2. 在 6.3 节中是如何控制子弹速度的？如何调整敌机的飞行速度？

3. 在 6.4 节的锤子脚本中，锤子落下与抬起之间为什么要等待 0.05 秒？如果不等待会怎样？

4. Scratch 角色能否同时响应键盘和鼠标操作？结合第 5 章及第 6 章的学习，你能否设计一个同时运用键盘和鼠标操作的小游戏？

07

第 7 章
Scratch数学问题程序设计

▶ **本章学习目标**

- 掌握运用 Scratch 解决数学问题的程序设计方法

- 掌握"变量"和"列表"的创建及使用方法

- 熟练运用"运算"功能中的积木构造表达式

- 学会定义和调用过程,并掌握过程调用中参数传递的方法

- 培养用户运用 Scratch 编程解决数学问题的思维能力

7.1 变量与列表

变量一词来源于数学，是指没有固定的值，可以改变的数。Scratch 的变量功能就常用于表示数值或储存计算结果。数学问题中常会涉及一组类型相同的变量，因此，Scratch 还提供了列表功能。向量和列表都是用于描述程序设计中相关数据的工具。

7.1.1 功能介绍与模块认识

1. 变量功能介绍

（1）变量

变量可以理解为存放数据的小盒子，该盒子里存放的数据是可变的，使用者可以使用变量来存放程序设计中需要用到的数据。盒子可以反复存放数据，但是后面存放的数据会把前面的数据覆盖掉。

（2）列表

列表也是用来存放数据的空间，相当一组连续的变量，可用来存放多个数据。

变量和列表的值设置后就会一直存在，即使重新单击"小绿旗"，前一次数据也都还在，因此，一般程序常会在开始时重设变量和列表的初值。

2. 认识变量模块

（1）变量模块的启动

在 Scratch 3.4 的初始界面中，单击"代码区"橙色的"变量类"启动变量模块。变量模块中主要包含"变量"和"列表"的功能积木，如图 7.1 所示。

（2）模块功能介绍

单击"建立一个变量"，弹出的"新建变量"对话框如图 7.2 所示。

图 7.1 变量、列表模块

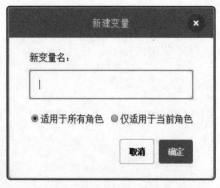

图 7.2 "新建变量"对话框

在对话框中输入自定义变量名，变量的命名一般应做到"见名知义"，以便用户阅读和检查程序。变量名下方有两个选项"适用于所有角色"和"仅适用于当前角色"，前者表示全局变量，所有的角色都可以访问到这个变量；后者表示局部变量，只能在当前这个角色里才可以访问到这个变量。

假如创建一个名为"分数"的变量，那么创建好的变量会以积木的形式出现在"变量"模块下方，同时也会出现在舞台上，如图 7.3 所示。可以看到，变量是一个参数类型的积木，变量可以嵌入其他积木中。单击变量前面的小方格，可以选择是否让变量显示在舞台上。在变量模块下用鼠标右键单击创建好的变量，可以修改变量名，也可以删除变量。舞台上的变量有 3 种显示方式：正常显示、大字显示和滑动条。鼠标右键单击舞台上的变量，可以设置变量以不同方式显示，如图 7.4 所示。

图 7.3 新建的变量

正常显示　　　　　大字显示　　　　　　滑动条

图 7.4 变量的 3 种显示方式

"变量"模块中各积木的功能如图 7.5 所示。

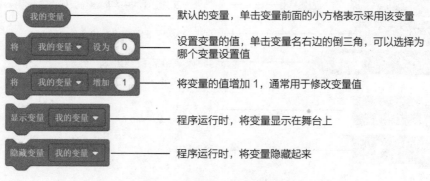

图 7.5 "变量"积木功能介绍

105

创建列表的方式与创建变量的方式类似，此处不再赘述。

创建列表后，界面左边会出现与该列表相关联的一系列列积木，同时在舞台上显示列表。例如，创建一个名为"数组"的列表，则界面显示如图 7.6 所示。

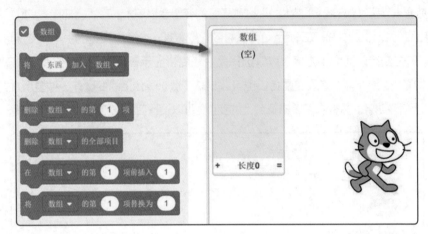

图 7.6　新建的列表

"列表"模块中各积木的功能如图 7.7 所示。

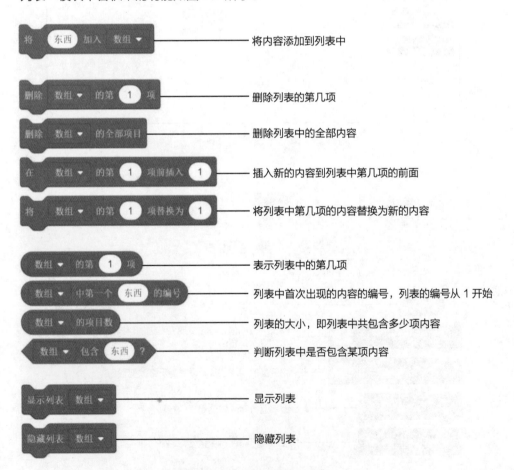

图 7.7　"列表"积木功能介绍

第7章 Scratch 数学问题程序设计

7.1.2　要点详解

（1）变量创建后以积木块的形式存在，可以直接拖动它，嵌入其他积木块中，相当于参数。

（2）Scratch 中对变量做了简化，它不区分变量的数据类型，无论输入的值是整型、浮点型、字符型还是字符串型，Scratch 都统一将之当成字符串来处理。但是，数据类型的使用不当，却有可能导致程序得不到结果，甚至导致 Scratch 系统崩溃。

（3）变量的命名应能做到见名知义，以便用户输入合适的数据。如定义一个名为"数量"的变量，那么用户就会输入一个整数作为该变量的值。

7.2　运算表达式

由常量、变量、运算符以及括号连接起来的，符合一定语法规则的式子，称为运算表达式。Scratch 中的运算积木包含了算术运算、关系运算、逻辑运算、字符串处理、随机数、四舍五入运算以及常用的数学函数。在有关数学问题的程序设计中，我们不可避免会用到运算表达式，Scratch 中提供的大量运算积木为我们进行程序设计提供了方便的计算功能。

7.2.1　功能介绍与模块认识

1. 运算功能介绍

（1）算术运算：包括 +、-、*、/ 以及取余等运算符。上述运算符都是双目运算符，用于连接两个操作数。如表达式"(2+3)*5"的结果为 25。

（2）关系运算：包括 >、<、= 等运算符，它是双目运算符，用于比较运算符两边的操作数的大小。关系运算符的结果为布尔型，即比较的结果要么为真、要么为假。例如，表达式"2>3"的结果为假（false），表达式"2+3>4"的结果为真（true）。

（3）逻辑运算：包括"与""或""不成立"三个运算符，前两个运算符为双目运算符，第三个运算符为单目运算符。逻辑运算符的操作数为布尔型的，运算的结果也是布尔型的。例如，表达式"2>3 与 4<5"的结果为假，表达式"2>3 不成立"的结果为真。

（4）字符串处理：用于进行字符串连接、取字符串中的某个字符、求字符串的长度，以及判断字符串是否包含某个子字符串。

（5）数学函数计算：用于求绝对值，向上（向下）取整，开平方根，以及求正弦、余弦、正切、反正弦、反余弦、反正切、对数、e 的 n 次幂、10 的 n 次幂等。

2. 运算模块认识

（1）运算模块启动

在 Scratch 3.4 的初始界面中，单击代码区中的"运算"选项，启动运算模块。

（2）模块功能介绍

运算模块中各积木的功能如图 7.8 所示。其中，运算积木中的最后一个积木提供了一系列的数学函数功能，单击积木上的倒三角号，会弹出所有可选的数学函数，使用者可以根据需要选择其中一种函数进行运算。

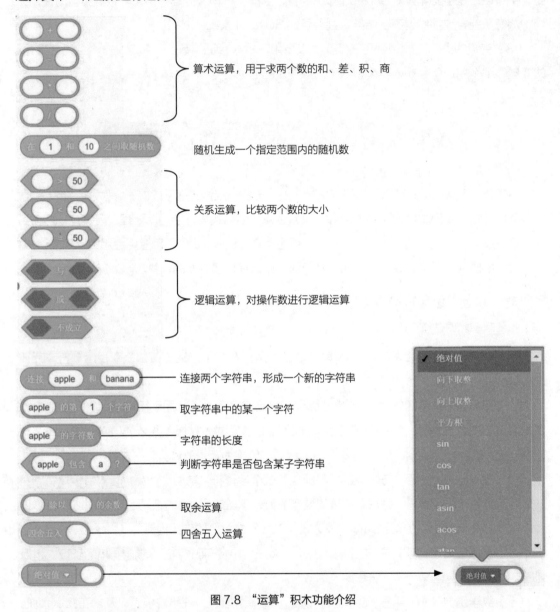

图 7.8 "运算"积木功能介绍

7.2.2 要点详解

逻辑运算符的运算结果如表 7.1 所示。

与运算：只有当两个操作数都为 true 时，结果才为 true；否则，结果为 false。

或运算：只有当两个操作数都为 false 时，结果才为 false；否则，结果为 true。

不成立运算：若操作数为 true，则运算结果为 false；若操作数为 false，则运算结果为 true。

表 7.1 用逻辑运算符进行逻辑运算

op1	op2	op1 与 op2	op1 或 op2	op1 不成立
true	true	true	true	false
true	false	false	true	false
false	true	false	true	true
false	false	false	false	true

7.2.3 方法预热

求三角形的面积：用户任意输入三条边长，程序自动判断三条边是否能构成三角形，如果能，就计算三角形的面积，否则给出提示信息。求三角形面积的方法及效果如图 7.9 所示。

求三角形面积的原理：三角形的三条边长由用户输入，程序将其分别存放在变量 a、b、c 中。程序根据海伦公式 $s=\sqrt{p(p-a)(p-b)(p-c)}$ （其中 $p=(a+b+c)/2$）计算三角形的面积。本题的关键在于如何运用"运算"模块中的积木构造恰当的表达式。

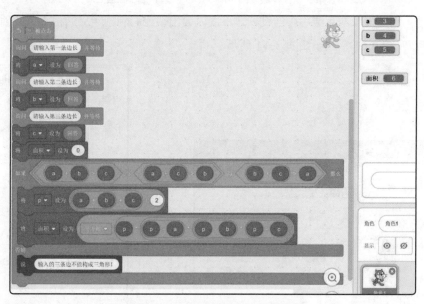

图 7.9 求三角形面积的方法及效果

7.3 过程的定义与调用

当编制复杂的程序时，程序的积木堆积会很长，阅读和查看积木将变得困难。这时，可以考虑把复杂的程序分解为一个个的小模块，每个模块都具有相对独立完整的功能，然后创造一个新的积木，去替代每个小模块的一系列积木，使整个程序看起来结构更加清晰。这种"分而治之"的模块化思想，在程序设计中具有非常重要的作用。

此外，有时候在程序中会出现很多重复的步骤，但这些步骤没有对应的、单个的 Scratch 积木。那么为了减少重复的脚本，我们也可以自己创造一个新的积木，并用这个积木代替之前那一串重复的脚本，这个具有独立功能的新的积木就称为过程。自定义新的积木的过程就称为过程定义。

新的积木创建好后，就可以像其他现有积木一样，直接拖动到代码区中使用，这一过程称为过程调用。Scratch 提供了"自制积木"模块，供用户根据需要定义自己的积木。

自制积木分为无参积木和有参积木，类似数学领域中的无参函数和有参函数。

7.3.1 模块认识

在 Scratch 3.4 的初始界面中，选择"代码区"的"自制积木"类型 ，启动自制积木功能模块，启动后的自制积木模块下并没有任何可用的积木。自制积木模块的功能需要用户自己创建。

单击"制作新的积木"，会弹出图 7.10 所示的对话框，要求输入自制积木的名称及参数（可选的）。自制积木的名称相当于函数名。根据所需参数的类型，可以选择"添加输入项数字或文本"或"添加输入项布尔值"。在使用自制积木时，只需要知道它的名字，并给它合适的参数就可以了。自定义积木完成后，自制积木下面就会出现我们刚刚定义的积木。如创建一个名为"小猫旋转"的积木，效果如图 7.11 所示。

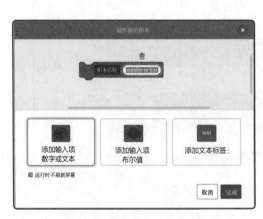

图 7.10　新建一个积木对话框

图 7.11　自制积木

7.3.2 要点详解

Scratch 中提供的自制积木功能实际上是一种模块化的思想。当程序复杂且冗长的时候，我们希望将程序拆分成一个个相对独立的模块，然后用一个积木来封装一个独立模块中的一串积木。在使用的时候，只需用一个积木就可替代之前一串积木的功能。

完成一个自制积木需要两个步骤：声明和实现。

（1）声明。即给新的积木命名，并设置参数。

（2）实现。即赋予新的积木一定的功能，通过拖动其他积木到新积木下方来实现。

7.3.3　方法预热

小猫转圈：编写一个 Scratch 程序，以实现小猫在舞台上转圈的效果。为了能看到小猫在舞台上边走边转圈的慢速效果，本案例设置小猫每向前走 40 步，变向右旋转 15°，同时更换造型，等待 1 秒后，重复上述动作。实现方法及效果如图 7.12 所示。

在本案例中，小猫需要重复多次做移动、旋转和变换造型的动作，因此，我们可把小猫的这一系列动作集成在一个新的自制积木中，在主程序中，只需直接调用自定义的"小猫转圈"过程即可。

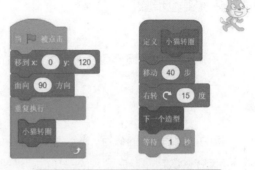

图 7.12　小猫转圈的方法及效果

7.4　数学问题程序案例 1——鸡兔同笼

7.4.1　目标任务描述

（1）剧本：求解经典数学问题"鸡兔同笼"。在一个笼子中装有若干只鸡和兔子，通过输入鸡、兔的头数和脚数，自动求解出鸡和兔子分别有多少只。

（2）舞台：天蓝色背景。

（3）角色：一只鸡、一只兔子和一个小博士。

（4）学习重点：变量的声明和使用。

"鸡兔同笼"问题的实质是求解二元一次方程组的解。案例效果如图 7.13 所示。

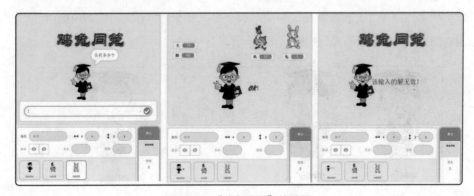

图 7.13　"鸡兔同笼"效果图

7.4.2　实验步骤

1. 准备工作

（1）分析鸡兔同笼问题，列出问题相关的二元一次方程组。

$$\begin{cases} x + y = h \\ 2x + 4y = f \end{cases} \tag{7.1}$$

其中，x 代表鸡的数目，y 代表兔的数目，h 代表头的数目，f 代表脚的数目。

h 和 f 的数目是用户输入的已知数。求解方程组（7.1），可得 $y = \dfrac{f - 2h}{2}$，$x = h - y$。

（2）上传图片"鸡兔同笼.png"作为背景。删除原有默认白色背景"背景 1"。在"鸡兔同笼"背景编辑区中，单击"转换为矢量图"按钮切换至矢量编辑方式，设置填充色为天蓝色，再用矩形工具绘制一个覆盖整个编辑窗口的大矩形，然后令其作为背景色块，如图 7.14 所示。复制该背景图标，生成相同背景图，选择第 2 个背景图标，在编辑区中删除"鸡兔同笼"字样仅留天蓝色背景。

图 7.14　背景造型

（3）上传图片"doctor.png"作为小博士"doctor"角色，为该角色创建 3 个造型，分别对应初始状态、计算成功状态和输入有误状态。参考步骤（2）中背景复制的方法，复制造型并在造型上添加文字。"doctor"角色的 3 个造型如图 7.15 所示。

（4）分别上传图片"cock.png"和"rabbit.png"作为 cock 角色和 rabbit 角色。本案例中所有需上传的图片如图 7.16 所示。

2. 创建变量并求解结果

（1）首先创建 4 个变量，分别用于存储鸡和兔的头数、脚数，鸡的只数及兔的只数。

（2）根据方程组（7.1）的求解结果设置变量鸡和兔的数目，并显示在舞台上。

（3）若方程组（7.1）的求解结果为负数或小数，则更改"doctor"角色造型为输入有误造型。"doctor"角色的程序代码如图 7.17 所示。

图 7.15　"doctor"角色的 3 个造型

cock.png　doctor.png　rabbit.png　鸡兔同笼.png

图 7.16　本案例需上传的图片

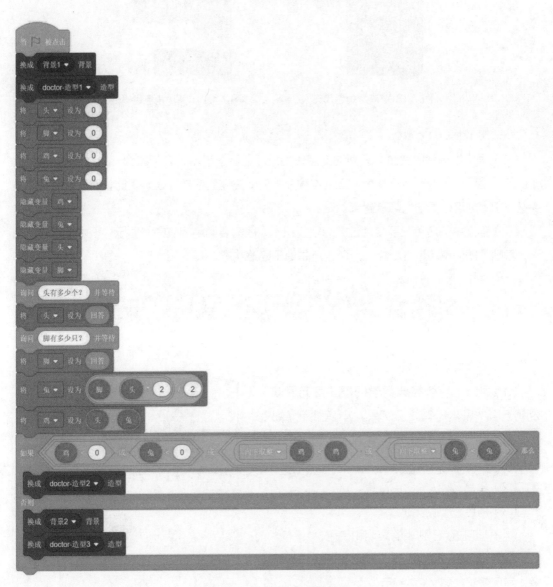

图 7.17　"doctor"角色代码

3. 显示和隐藏变量

鸡、兔角色代码的主要作用是控制变量的显示和隐藏。初始时，所有变量都被隐藏了起来。当将背景切换为背景 2 时，会将所有变量显示在舞台上。其程序代码如图 7.18 和图 7.19 所示。

图 7.18 "鸡" 角色代码　　　　图 7.19 "兔" 角色代码

7.4.3　案例要点分析

（1）程序中创建的变量，只要对变量使用过"显示"积木，它们就会一直显示在屏幕上，即使点"小绿旗"重新运行程序，上一次程序中的变量还会依然存在，因此，需要调用"隐藏变量"积木才可以把它们隐藏起来。

（2）程序中的角色只要使用过"隐藏"积木，就需要调用相应的"显示"积木把它显示出来，否则，即使重新运行程序，角色也还是处于隐藏状态。

7.5　数学问题程序案例 2——百元百鸡

7.5.1　目标任务描述

（1）剧本：求解经典数学问题"百元百鸡"。公鸡 5 元 / 只，母鸡 3 元 / 只，小鸡 1 元 /3 只，100 元想买 100 只鸡，问能买到的公鸡、母鸡和小鸡的数目各是多少？

（2）舞台：默认的白色背景。

（3）角色：开始按钮。

（4）学习重点：列表的声明和使用。

"百元百鸡"问题的实质是求解不定方程组的解。案例效果如图 7.20 所示。

7.5.2　实验步骤

1. 准备工作

（1）分析百元百鸡问题，列出问题相关的不定

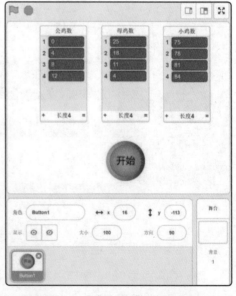

图 7.20　"百元百鸡"案例效果图

方程组。

$$\begin{cases} x+y+z=100 \\ 5x+3y+\dfrac{1}{3}z=100 \end{cases} \qquad (7.2)$$

其中，x、y、z 分别表示公鸡、母鸡和小鸡的数目。为便于式子表达，令 $z'=\dfrac{1}{3}z$，从而使上述式（7.2）变换为式（7.3）。

$$\begin{cases} x+y+3z'=100 \\ 5x+3y+z'=100 \end{cases} \qquad (7.3)$$

（2）从系统自带的角色库中选择一个角色 Button1（Button1 在角色库的"所有"选项卡下）。选中 Button1 角色，切换到造型中，单击文本按钮，设置字体颜色为红色、字体为中文，在绿色按钮上添加"开始"字样文字，如图 7.21 所示。

图 7.21　Button1 角色造型设置

2. 解题思路及代码编写

（1）解题思路：枚举符合条件的各种情况。由于每只公鸡的价格为 5 元，100 元最多只能买到 20 只公鸡，因此，公鸡的数目只需从 0 遍历到 20。同理，每只母鸡的价格为 3 元，故最多能买到 33 只母鸡，母鸡的数目可从 0 遍历到 33。当公鸡和母鸡的数目确定以后，小鸡的数目也就确定了。因此，本题采用两个循环嵌套，求解出了符合条件的组合。由于本题的答案是不唯一的，满足题目条件的公鸡、母鸡和小鸡的数目可以有多种组合，因此，可采用列表来存放公鸡、母鸡和小鸡的所有可能的组合。

（2）创建公鸡、母鸡和小鸡变量，分别对应方程组（7.3）中的未知数 x、y、z'。创建公鸡数、母鸡数和小鸡数列表，用于存放 x、y、z' 的多种求解结果。

（3）对"Button1"角色编写代码，如图 7.22 所示。初始时，3 个列表——公鸡数、母鸡数和小鸡数的内容为空。当"Button1"角色被单击时，程序计算出公鸡数、母鸡数和小鸡数，并将之存放到列表中。

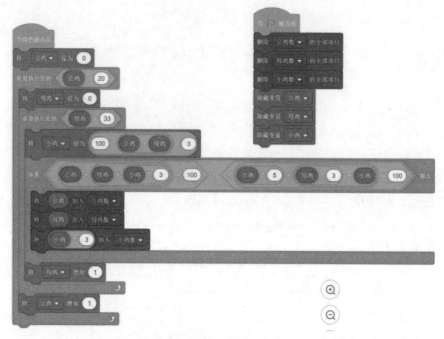

图 7.22　"Button1"角色的代码

7.5.3　案例要点分析

（1）在本题中，为方便构造运算表达式，可采用变量替换的方式将分数转化为整数问题来处理。

（2）在编写本题的代码时，应特别注意设置初始变量积木的放置位置，我们要在循环开始之前设置好变量的初值。

7.6　数学问题程序案例 3——判断素数

7.6.1　目标任务描述

（1）剧本：输入一个大于 2 的整数，然后判断该数是不是素数。

（2）舞台：默认的白色背景。

（3）角色：小猫。

（4）学习重点：运算表达式的构造。

　本案例主要是运用 Scratch 的运算积木构造表达式，判断输入的数是否是素数，案例效果如图 7.23 所示。

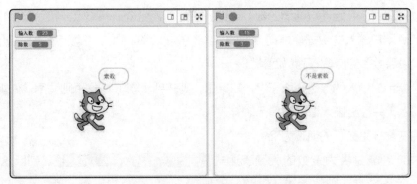

图 7.23 "判断素数" 案例效果

7.6.2 实验步骤

1. 准备工作

（1）本题的关键是理解判断一个数是不是素数的算法。判断素数的具体算法如下：首先将用户输入的数作为被除数，设置除数的初值为 2，判断被除数除于除数的商是否为零，若为零，则该数不是素数；若不为零，则使除数的值加 1，重复上述步骤，直到除数的值大于被除数的平方根或找到一个除数，使得被除数除以该除数的商为零（即被除数存在一个除了 1 和它本身外的其他因子），由此即可得出该数不是素数的结论。若退出循环时，被除数不能除尽除数，则说明该数是素数。此处可采用流程图进行分析，如图 7.24 所示。

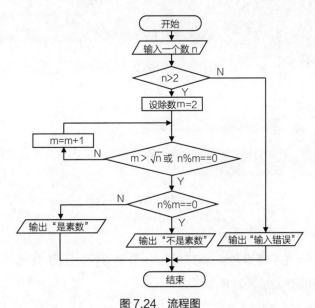

图 7.24 流程图

（2）单击菜单栏"文件"下的"新建项目"，新建一个空白文件。

（3）单击角色区的"选择一个角色"按钮，从系统自带的角色库中选择小猫角色。

2. 依据流程图编写代码

（1）通过上面的算法分析可知，该程序涉及被除数和除数两个变量，其中，被除数由用户输入，除数则是从 2 开始逐次递增的数。因此，首先创建变量——被除数和除数。

（2）侦测用户输入的数据。拖动"侦测"模块中的"询问（）并等待"积木到代码区中。并将变量"被除数"的值设置为"回答"。

（3）判断用户输入的数是否大于 2，如果是，则转到步骤（4），否则调用"外观"模块的"说（）"积木，并给出输入错误的提示。

（4）将变量"除数"的值设为 2。

（5）构造判断是否为素数的关键表达式 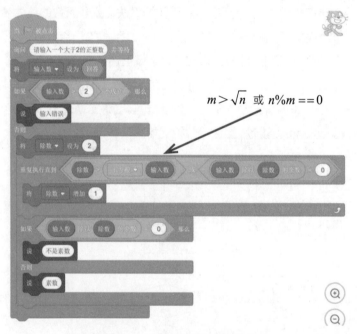 。判断这个表达式是否成立，若不成立，则将变量"除数"的值加 1，然后重复执行判断；若成立，则进一步判断，被除数除于除数的商是否为零，若为零，说明该数不是素数；若不为零，说明该数是素数。

（6）案例的完整代码如图 7.25 所示。

$$m > \sqrt{n} \quad 或 \quad n \% m == 0$$

图 7.25 "判断素数"案例代码

7.6.3 案例要点分析及扩展应用

（1）本案例的要点在于理解判断素数的算法，并能够恰当运用"运算"模块中的积木构造运算表达式，正确地描述对应的数学表达式。

（2）编写程序求解 1000 以内的完数。完数（Perfect Number）又称完美数或完备数，是一些特殊的自然数。它所有的真因子（即除了 1 和自身以外的约数）的和恰好等于它本身。如果一个数恰好等于它的真因子之和，则称该数为"完数"。

7.7 数学问题程序案例 4——圆柱体的计算

7.7.1 目标任务描述

（1）剧本：本案例要实现自动求解圆柱体的体积和表面积的功能，单击舞台上的"体积"角色或"表面积"角色，程序将根据用户输入的底面半径和高，自动算出相应的圆柱体体积或表面积。

（2）舞台：外部图片"圆柱体.png"。

（3）角色："体积"角色和"表面积"角色。

（4）学习重点：过程的定义与调用。

案例效果如图 7.26 所示。

图 7.26　圆柱体计算的效果图

7.7.2 实验步骤

1. 准备工作

（1）通过"上传背景"功能，上传图片"圆柱体.png"作为背景。调整图片的位置到舞台的上方。

（2）通过"上传角色"功能，上传图片"体积.png"和"表面积.png"分别作为体积角色和表面积角色。调整角色图片到舞台上的合适位置。

本案例需要上传的图片如图 7.27 所示。

图 7.27　本案例需要上传的图片

2. 定义过程

（1）分析计算圆柱体的体积和表面积的方法，发现程序在求解体积和表面积时，都需要先求圆柱体的底面积，因此本题采用了过程定义的方法，将求解底面积的代码定义为过程。

（2）为了使程序的结构更加清晰，积木代码也不至于太长，可将求解底面周长的代码也定义为过程。

（3）将底面半径 r 作为上述两个过程的参数，在调用过程时，需给参数传递具体的半径值。求底面积和底面周长的过程定义如图 7.28 所示。

图 7.28　求底面积和底面周长的过程定义

3. 调用过程求解体积和表面积

（1）创建程序所需的变量。本题涉及的变量较多，具体包括：半径、高、底面积、底面周长、体积、表面积和 pi（即 π）。

（2）为了使得"体积"角色和"表面积"角色都能够调用上面定义的过程。可将求底面积和周长的过程定义放在背景代码中，求解体积和表面积的代码也放在背景代码中。"体积"角色和"表面积"角色的代码只需接收用户输入的底面半径和高，并发出广播信号，背景收到广播后调用相应过程求解体积和表面积。相关代码如图 7.29 和图 7.30 所示。

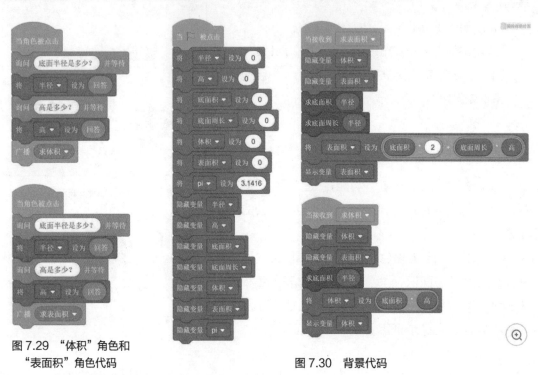

图 7.29 "体积"角色和
"表面积"角色代码

图 7.30 背景代码

7.7.3 案例要点分析

（1）本案例的要点在于通过定义过程，使比较复杂的程序的逻辑结构变得清晰明了，同时提高积木代码的重用性。

（2）自定义过程仅为其所属角色中可用，若多个角色想调用相同的过程，可以通过广播的方式让过程所属角色接收信号并执行该过程。

7.8　数学问题程序案例 5——数鸭子

7.8.1　目标任务描述

（1）剧本：农夫赶着鸭子去每个村庄卖，每经过一个村子卖去所赶鸭子的一半又一只。这

样他经过了 m 个村子后还剩下 n 只鸭子，那么他出发时共有多少只鸭子？

（2）舞台: 默认的白色背景。

（3）角色: 农夫 Devin 和鸭子 Duck。

（4）学习重点: 递归调用。

案例效果如图 7.31 所示。

7.8.2 实验步骤

1. 准备工作

（1）单击角色区的"选择一个角色"，从系统自带的角色库中选择一个角色，在角色选择界面中单击"人物"按钮，找到"Devin"角色。

（2）单击角色区的"选择一个角色"，从系统自带的角色库中选择一个角色，在角色选择界面中选择"动物"类的"Duck"角色。为了呈现多只鸭子的效果，可在造型窗口中通过框选、复制、粘贴、水平翻转、缩放、旋转等多种操作完成效果处理，如图 7.32所示。

图 7.31 "数鸭子"案例效果图

2. 问题分析

"数鸭子"问题是一个典型的递归问题。递归调用是指在程序运行过程中调用自己，我们通常可把一个大型的、复杂的问题，层层转化为一个与原问题相似的规模较小的问题来进行求解。每次递归调用都会简化原始问题，让它不断接近最简情况，这样一旦达到最简情况就能结束递归调用。具体分析如下:

用 m 表示需经过 m 个村子才到达目的地，用 $ducks(m)$ 表

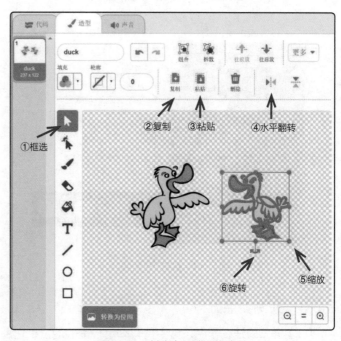

图 7.32 创建多只鸭子的造型

示出发前（以后需经过 m 个村子）的鸭子总数，$ducks(0)$ 表示到达目的地时（不需再过任何村子）的鸭子数，那么：

当 $m=0$ 时，$ducks(0)=n$

当 $m=1$ 时，$ducks(1)=(n+1)\times2=(ducks(0)+1)\times2$

当 $m=2$ 时，$ducks(2)=((n+1)\times2+1)\times2=(ducks(1)+1)\times2$

……

以此类推，可得到如下递归表达式：

$$\begin{cases} ducks(m)=n & m=0 \\ ducks(m)=(ducks(m-1)+1)\times2 & m>1 \end{cases} \quad (7.4)$$

3. 编写代码

（1）根据上述分析知道，农夫出发前的鸭子总数是一个与 m 和 n 相关的函数。因此，我们可在 Scratch 中自定义一个求原鸭子总数的过程，该过程包含两个参数：农夫经过的村庄数和最后剩余的鸭子数，如图 7.33 所示。从递归表达式（7.4）中可以看出，欲求 $ducks(m)$ 的值，必须先求出 $ducks(m-1)$ 的值，即必须先得到上一轮递归函数的返回值，但是在 Scratch 中，过程调用是没有返回值的，因此，我们需要先创建一个变量来存放每轮递归函数的返回值。

（2）数鸭子问题的案例代码如图 7.34 所示，该代码是农夫"Devin"的脚本。我们可以看到，整个问题的代码都比较简洁。

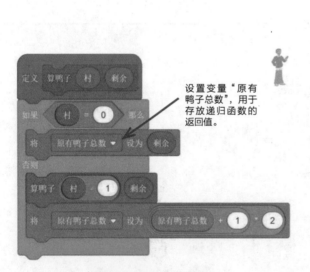

图 7.33　数鸭子过程定义

图 7.34　"数鸭子"案例代码

7.8.3　案例要点分析

（1）递归算法在程序设计中具有举足轻重的地位，它是一种优雅的问题解决方法，许多多重循环难以实现的问题，使用递归算法却能轻巧地迎刃而解。

（2）在递归算法的设计中，有以下 3 个要点。

① 要有明确的递归终止条件，防止程序陷入无限调用。

② 要有明显的判断语句来引导递归调用的走向。

③ 过程或函数自身的调用要趋向递归的终止条件。

课后习题

一、选择题

1. 关于变量的说法，正确的是（　　）。

    A. 一个固定的数值　　　　　　　　B. 多个固定的数值

    C. 内存中用来存放数据的小盒子　　D. CPU 中用来存放数据的小盒子

2. 关于"在（1）和（10）之间取随机数"积木的说法，正确的是（　　）。

    A. 可能得到的数字包含 1 但不包含 10

    B. 可能得到的数字既不包含 1 也不包含 10

    C. 可能得到的数字包含 1 也包含 10

    D. 可能得到的数字不包含 1 但包含 10

3. 关于 Scratch 中的表达式，说法正确的是（　　）。

    A. 构建表达式需要用到的积木在控制模块中

    B. Scratch 中只提供了基本的算术运算功能

    C. 仅用逻辑运算符构造的表达式的结果要么为 true，要么为 false

    D. Scratch 提供了 4 种关系表达式的积木：>、<、=、!=

4. 关于过程定义的说法，错误的是（　　）。

    A. 过程定义体现的是一种"分而治之"的模块化思想

    B. 过程定义能够提高代码的重用性，简化代码，使程序的逻辑结构更加清晰

    C. 过程定义类似函数的定义，包括带参数的过程和不带参数的过程

    D. 在一个角色的代码中定义的过程，在另一个角色的代码中可以直接访问

5. 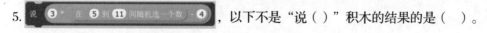，以下不是"说（）"积木的结果的是（　　）。

    A. 7　　　　　　　B. 18　　　　　　　C. 3　　　　　　　D. 21

6. 逻辑运算不包括下面积木（　　）。

    A. < > 与 < >　　　B. < > 或 < >　　　C. < > 不成立　　　D. （ ）>（ ）

7. 关于列表的说法，错误的是（ ）。

    A. 列表是用来存放数据的一系列内存单元

    B. 列表就是一组变量，这组变量之间没有什么关联

    C. 列表是一种数据结构

    D. 列表提供了对一组数据的统一管理，如插入一项、删除一项等操作

8. 在选择结构中，计算机判断条件是否成立是靠关系表达式与逻辑表达式来完成的。在 Scratch 中，表达式已被部件化并统一放在（ ）模块中。

    A. 动作   B. 外观   C. 控制   D. 运算

二、简答题

1. 简述变量和列表的功能，分析比较二者在使用上的区别。

2. 尝试运用本章所学的知识，求解 $1+2+3+\cdots+n$ 的和，其中 n 的值由用户从键盘输入。

3. 运用列表的知识，对数组进行排序，将排序后的结果显示在另一个数组中。

4. 运用递归算法的思想，求解 Fibonacci 数学问题（"兔子繁殖"问题）。算法求解的表达式如下：

$$\begin{cases} Fib(n) = 1 & n = 1,\ n = 2 \\ Fib(n) = Fib(n-1) + Fib(n-2) * n & n > 2 \end{cases}$$

Chapter

08

第 8 章
Scratch克隆方法程序设计

▶ **本章学习目标**

- 理解克隆的概念

- 掌握 Scratch 中与克隆有关的积木的用法

- 掌握运用克隆功能进行程序设计的方法

- 培养用户运用克隆功能进行创意程序开发的思维能力

8.1 克隆的概念及应用

"克隆"的本意是指生物体通过体细胞进行无性繁殖，复制出遗传性状完全相同的生命物质或生命体。通常，"克隆"一词的延伸意思是比喻一模一样的事物。在 Scratch 中，克隆指复制角色，但不会在角色区中产生新的角色图标。任何角色都能使用克隆积木创建出自己或其他角色的克隆体（即副本），甚至在舞台中也可以克隆其他角色。克隆在 Scratch 程序设计中，具有十分重要的作用，其使用场合也比较广泛。

Scratch 中的编程是面向角色或舞台的，如果要在舞台上同时显示两个完全一样的角色，就需要设置两个相同的角色，并分别对其编程。如果程序设计中需要用到多个一模一样的角色，就需要创建多个一模一样的角色，这会使得程序设计变得繁复冗长。因此，Scratch 提供了专门的克隆功能，允许生成同一角色的多个副本，以达到用户需要同时显示多个相同角色的目的。

8.1.1 功能介绍与模块认识

1. 克隆功能介绍

（1）"克隆"可以理解为复制粘贴，使用克隆功能可以将角色复制出多份副本，并且多份副本可以同时显示在舞台上。

（2）可以对复制出来的克隆体进行另外编程，使得克隆体和原角色具有不同的代码，实现不同的功能。

2. 克隆模块认识

（1）克隆模块启动

在 Scratch 3.4 的"控制"模块下有 3 个与克隆有关的积木，如图 8.1 所示。在舞台代码中也可以克隆其他角色，当选择舞台背景时，在"代码"选项卡下的"控制"模块中只有一个与克隆有关的积木，用于克隆其他角色。单击克隆积木"小三角"将弹出一个下拉列表，其中显示了所有可克隆的角色，如图 8.2 所示。

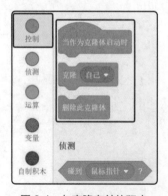

图 8.1 与克隆有关的积木

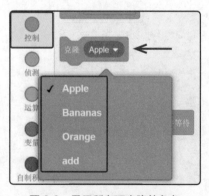

图 8.2 显示所有可克隆的角色

（2）模块功能介绍

"克隆"积木功能介绍如图 8.3 所示。

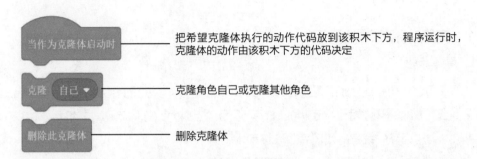

把希望克隆体执行的动作代码放到该积木下方，程序运行时，克隆体的动作由该积木下方的代码决定

克隆角色自己或克隆其他角色

删除克隆体

图 8.3 "克隆"积木功能介绍

8.1.2 方法预热

通过不断克隆"五角星"角色，并改变角色的位置和角度，呈现出圆圈的效果。方法为：初始化角色方向及位置，循环克隆角色，每次都让克隆体移动若干步后旋转一定的角度，同时设置克隆体的颜色变化，以呈现五彩斑斓的效果。方法及效果如图 8.4 所示。

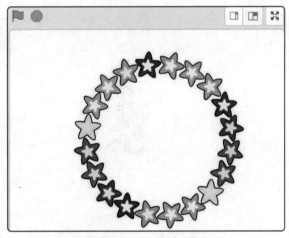

图 8.4 角色转圈的方法及效果

此处要注意的是，为了达到转圈的效果，循环的次数乘上每次旋转的角度，应该刚好等于 360°（20×18=360）。实现效果还与克隆体每次移动的步数有关，移动的步数越少，转出来的圆圈半径也越小。若每次移动的步数过大，则可能画不成圆圈。读者可尝试修改循环次数、移动步数及旋转角度等参数，观察不同参数下的效果。

8.2 克隆功能编程方法

8.2.1 克隆功能方法的运用

1. 基本步骤

（1）在角色代码中的恰当位置，运用"克隆"角色积木，获得克隆体并显示于舞台上。

（2）当需要对克隆体赋予特定行为时，可运用"当作为克隆体启动时"积木。该积木是一个事件积木，对克隆体编程的代码就放在该积木下方。

（3）当克隆体完成其执行代码，且不需要再显示在舞台上时，可运用"删除此克隆体"积木将克隆体删除，释放克隆体所占据的内存空间。

2. 用克隆实现下雪效果

具体实现方法如下。

首先，在"雪花"角色代码中反复运用"克隆自己"积木，创建出大量雪花的克隆体。然后，运用"当作为克隆体启动时"积木单独对克隆出来的雪花片编码，让雪花片从舞台上方缓缓移动到舞台下方，实现雪花一片片落下的效果。最后，让雪花在地上停留一秒后删除此克隆体，以实现雪花融化的效果。效果如图 8.5 所示。具体实现代码如图 8.6 所示。

图 8.5　下雪效果

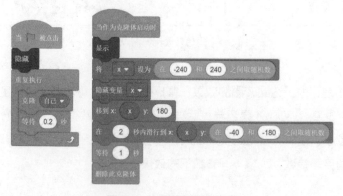

图 8.6　下雪效果实现代码

本案例使用的背景为 Scratch 自带背景库中的"Winter"背景，角色为系统自带角色库中的"Snowflake"角色，该角色导入之后，呈现在舞台上的雪花片比较大，需要在角色的造型区中修改至合适大小。

此处，为了使雪花片垂直落下，设置了一个变量 x，用于存放克隆出来的雪花的 x 轴坐标值，使得下落的雪花在移动过程中仅仅改变了 y 值，否则雪花可能向不同的方向落下。

8.2.2　要点详解

在程序设计中，初学者有时会发现"克隆自己"这一功能难以控制，克隆效果"异常"，或者与预想的效果不一致。下面我们将进一步分析这一功能的原理并用实例进行说明。

（1）在同一程序段中，角色克隆自己之后，克隆体将取代本体成为动作的执行者。

同一程序段中，当克隆自己发生时，克隆体会继承原角色的所有状态，包括当前位置、方向、造型、效果属性等。也就是说，在"克隆自己"积木下方的所有积木都是控制克隆体的，原角色保持不变。若希望对原角色和克隆体分开编程，则应将对克隆体的编程积木放在"当作为克隆体启动时"积木下方。观察比较图 8.7 和图 8.8 的案例效果，体会是否使用"当作为克隆体启动时"积木的区别。

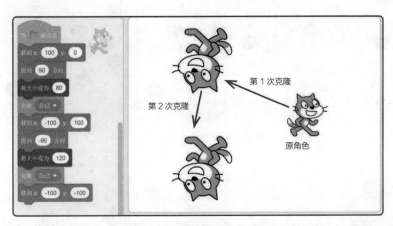

图 8.7　未使用"当作为克隆体启动时"积木的效果图

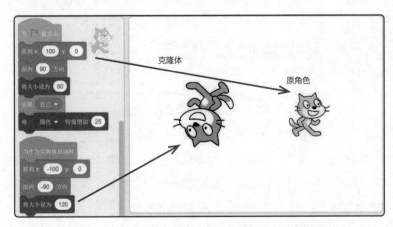

图 8.8　使用"当作为克隆体启动时"积木的效果图

我们可以看出，使用"当作为克隆体启动时"积木的作用就是可以单独对克隆体和原角色进行编程。否则克隆之后的代码就是对克隆体操作的，它对原角色不起作用。

（2）角色脚本中若包含"当 🚩 被点击"除外的"事件触发"代码，角色克隆自己后，其本体和克隆体均能响应相同的触发事件。

以图 8.9 和图 8.10 中的程序为例，图 8.9 通过按空格键事件反复触发"克隆自己"功能，图 8.10 通过循环控制克隆自己的次数。观察比较这两个案例的克隆方法和效果，分析两者在克隆执行上的区别。

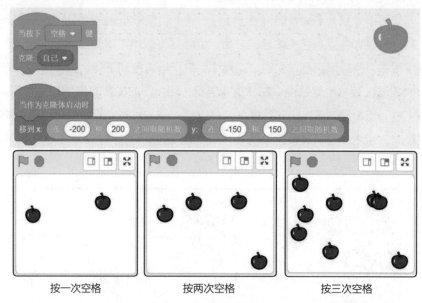

| 按一次空格 | 按两次空格 | 按三次空格 |

图 8.9　克隆体个数解析 1

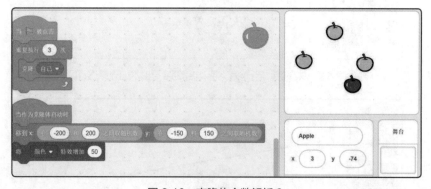

图 8.10　克隆体个数解析 2

从图 8.9 可以看出，原始状态时，舞台上只有一个角色，当使用事件"当按下空格键"触发克隆功能时，舞台上的"苹果"变成 2 个；再按空格，出现 4 个"苹果"；按第三次空格，舞台上的"苹果"变成 8 个。依次类推，每按空格一次，角色的个数就翻倍出现。这是因为苹果本体和克隆体都能接收到"按下空格键"信号并作出响应。

而图 8.10 使用循环控制克隆，原角色被指定克隆自己三次，所以角色的个数是一个一个增长的。需要说明的是，"当  被点击"事件不同于其他事件，其本身具有重新运行程序的能力，因此不会出现指数级增长。

8.3 克隆程序案例1——奔腾的小马

8.3.1 目标任务描述

（1）剧本：一匹小马在城市道路上向前奔跑，城市的建筑物、路边的树木以及天上的云朵则以一定的速度向后移动。

（2）舞台：天蓝色背景。

（3）角色：小马、建筑物、树木、云朵。

（4）学习重点：克隆功能的应用。

案例效果如图 8.11 所示。

图 8.11　小马奔腾效果图

8.3.2 实验步骤

1. 准备工作

（1）案例分析：本案例中的"小马"实际上是不移动的。为了呈现出小马向前奔跑的样子，我们设置其他角色（如建筑物、白云和树木）不断地从舞台右边移动到左边，然后退出舞台，从而营造出一种小马在向前奔跑的错觉。

（2）设置舞台背景。选择系统自带的蓝天白云图"Blue Sky 2"作为背景。

（3）创建小马角色。从系统自带的角色库中的"动物"栏目中选择"Unicorn Running"角色。"Unicorn Running"角色自带了6种造型，能够很好地展示小马奔跑的状态。如图8.12所示。

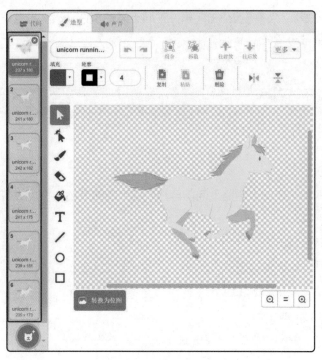

图 8.12　小马的 6 种造型

（4）创建建筑物角色。从系统自带的角色库中选择"Buildings"角色。"Buildings"角色自带了 10 种造型，分别呈现了不同建筑物的造型。

（5）创建树木角色和白云角色。从系统自带的角色库中分别选择"Trees"角色和"Clouds"角色。"Trees"角色自带了 2 种造型，"Clouds"角色自带了 4 种造型，如图 8.13 所示。

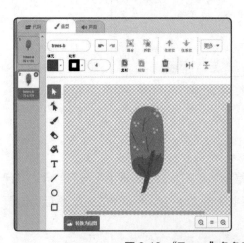
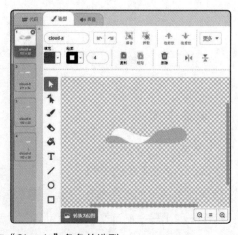

图 8.13　"Trees"角色和"Clouds"角色的造型

2. 分角色编写代码

（1）对"Unicorn Running"角色编写代码。首先需要将小马移到舞台的最前面，避免被其他角色挡住，然后对"Unicorn Running"角色循环变换造型。具体代码如图 8.14 所示。

（2）对"Buildings"角色编写代码。初始时将"Buildings"角色移到舞台的最右侧。需要注意的是，即使将角色移到超出舞台范围的位置，角色还是会显示一小部分在舞台上。因此，需要将角色本体隐藏。重复执行克隆功能，然后对克隆体进行编程，使克隆出来的建筑物更换不同的造型，并以不同的速度从舞台的右边移到左边。当克隆体退出舞台后，将克隆体删除。其程序代码如图 8.15 所示。

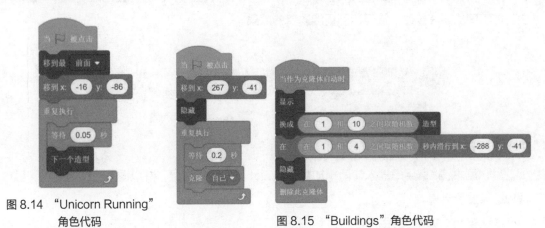

图 8.14 "Unicorn Running"
角色代码

图 8.15 "Buildings"角色代码

（3）对"Clouds"角色和"Trees"角色编写代码，其代码类似建筑物角色代码。具体如图 8.16 和图 8.17 所示。

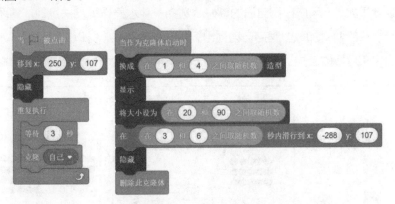

图 8.16 "Clouds"角色代码

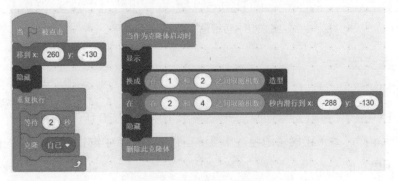

图 8.17 "Trees"角色代码

133

8.3.3 案例要点分析及扩展应用

（1）程序中的克隆体从屏幕右边移到左边后，即使设置克隆体移到超出舞台坐标值的位置。克隆体还是会有一部分内容显示在屏幕上，不能完全退出舞台，因此需要将克隆体隐藏起来，或者直接删除克隆体。

（2）本案例中的白云都是在天空中同一个水平线上飘过的，读者可尝试修改程序，使不同白云在不同的高度飘过，从而达到更加逼真的效果。

8.4 克隆程序案例2——可视化加法计算

8.4.1 目标任务描述

（1）剧本：根据用户输入的两个加数，自动计算加法的结果，并以图形化的方式将计算过程和结果显示出来。

（2）舞台：默认的白色背景。

（3）角色：苹果、香蕉、橘子和 add。

（4）学习重点：克隆功能、自定义过程的应用。

具体实现效果如下：用户根据自己的喜好，选择一种水果作为加法运算的算术道具，选定角色后输入待求和的两个加数，程序自动列出算术结果表达式，并以前面选择的水果作为道具在舞台上摆出求和运算的结果。案例效果如图 8.18 所示。

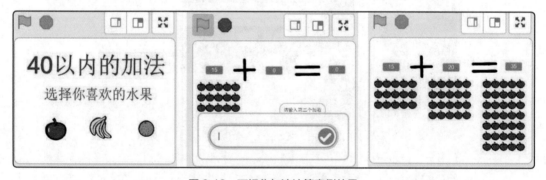

图 8.18　可视化加法计算案例效果

8.4.2 实验步骤

1. 准备工作

（1）在默认的舞台背景上绘制造型，创建图 8.19 ~ 图 8.20 所示的背景。

（2）创建苹果、香蕉和橘子角色。从系统自带的角色库中选择"Apple""Banana"和"Orange"角色。

图 8.19 背景 1 的造型

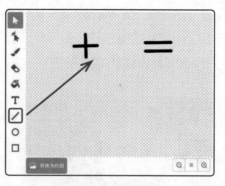

图 8.20 背景 2 的造型

（3）创建"add"角色，该角色可对用户输入的两个加数进行求和，并将结果以图形化的方式展现在舞台上。从系统自带的角色库中任意选择"Apple""Banana"和"Orange"3个角色中的一个作为该角色。然后选中该角色，并切换至造型区，单击"选择一个造型"，从系统自带的造型库中选择其他两种造型。本案例将该角色命名为"add"，该角色有苹果、香蕉、橘子3种造型，如图 8.21 所示。

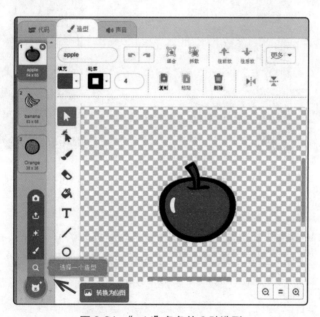

图 8.21 "add"角色的 3 种造型

2. 案例分析及代码编写

（1）案例分析：无论对"Apple""Banana"角色，还是"Orange"角色编写代码，都会涉及相同的求和运算，以及相同的水果摆放程序。因此，我们可以考虑运用过程定义来描述求和函数及水果摆放函数。由此引发的思考是，应该把过程定义的编码放在哪个角色的代码里呢？根据第7章的学习，我们知道，过程定义仅在它所在的角色代码中可见。因此，本案例的做法是，新增一个"add"角色，将求和运算的过程定义以及摆放水果的过程定义放在该角色中。

（2）"Apple" "Banana" 和 "Orange" 角色通过发广播消息的方式，触发 "add" 角色执行相应的代码。"Apple" "Banana" 和 "Orange" 角色代码如图 8.22 ～图 8.24 所示。

（3）背景代码如图 8.25 所示。

图 8.22 "Apple" 角色代码

图 8.23 "Banana" 角色代码

图 8.24 "Orange" 角色代码

图 8.25 背景代码

3. 关键代码剖析

"add" 角色造型代码如图 8.26 所示。该角色代码具体分析如下。

（1）首先定义一个用于显示水果的过程，该过程的参数为水果的数量。为了能在舞台上显示更多的水果，首先将水果大小设置为 40，然后按水果数量重复执行克隆功能，克隆出来的水果按一定顺序显示在舞台上，本案例中设置水果的摆放规则为一行 5 个，因此需增加一个 "计数" 变量，当一行超过 5 个水果时，自动换行摆放。

（2）定义一个用于求和的过程。设置变量 "加数 1" "加数 2" 和 "和"，初始时，3 个变量的初值都为 0。然后根据用户输入的数量进行求和计算并显示各水果数。

（3）当单击 "小绿旗" 时，原始角色被隐藏起来，根据接收到的消息，将 "add" 角色的造型换成 "Apple" "Banana" 或 "Orange"。

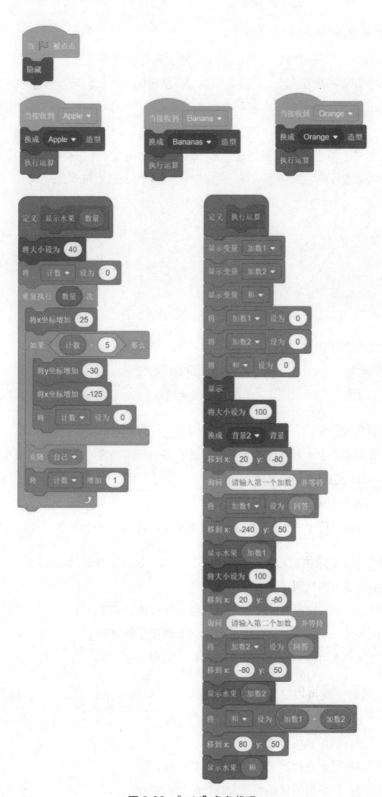

图 8.26 "add"角色代码

8.4.3 案例要点分析及扩展应用

（1）本案例中一个关键点是控制水果在舞台上的摆放位置。因为 Scratch 中没有提供对角色大小进行数值描述的值，因此，读者需要根据水果的大小反复修改程序中的数据，以获得两个克隆体的距离的恰当数据。本案例中同一行相邻两个水果的间距是 25，两行的纵向间距是 30。

（2）本案例中，当水果的数量超过 40，受舞台大小的限制，多出的水果将无法正确显示在舞台上。尝试修改程序中的各项数据，将本案例修改为 50 以内的加法计算。

课后习题

一、选择题

1. 克隆功能会出现在（ ）中。

    A. 控制模块   B. 外观模块

    C. 事件模块   D. 侦测模块

2. 关于克隆功能的使用，以下说法正确的是（ ）。

    A. 使用克隆功能，可以在舞台上同时显示多个一模一样的角色

    B. 在一个角色的代码中只能克隆自己

    C. 舞台也能够被克隆

    D. 选中角色和选中背景，能看到的与克隆有关的积木是一样的

3. 关于"当作为克隆体启动时"积木的用法，以下说法错误的是（ ）。

    A. 该积木下方的代码仅能作用于克隆体

    B. 该积木下方的代码既能作用于原角色又能作用于克隆体

    C. 该积木是一个程序入口积木，但是它出现在控制模块中

    D. 使用该积木可以对原角色和克隆体分开编程

4. 使用克隆时，既可以"克隆自己"也可以"克隆（角色名）"，克隆某一个角色的积木（ ）。

    A. 只能写在该角色的代码中

    B. 可以写在所有角色的代码和舞台背景的代码中

    C. 可以写在该角色的代码和舞台背景的代码中

    D. 只能写在舞台背景的代码中

5. 使用克隆功能时，要让克隆体逐个删除，"删除本克隆体"积木一般放在（　　）积木触发块下。

    A. 当小绿旗被单击时   B. 当舞台被单击积木块

    C. 任何触发类积木块   D. 当作为克隆体启动时

6. 关于克隆体和本体的关系，以下说法正确的是（　　）。

    A. 当创建克隆体后，本体会自动隐藏起来

    B. 克隆体创建之后，默认是隐藏的

    C. 如果将本体隐藏起来，那么克隆出来的克隆体也是被隐藏的

    D. 即使将本体隐藏起来，克隆后的克隆体也会显示在舞台上

7. 下面（　　）不是运用克隆功能进行编程的一般步骤。

    A. 运用"克隆"角色积木，使得多份克隆体同时显示在舞台上

    B. 运用"当作为克隆体启动时"积木

    C. 运用"删除此克隆体"积木将克隆体删除

    D. 移动克隆体到其他位置

8. 关于克隆体，以下说法正确的是（　　）。

    A. 克隆体执行完相应动作后，不需要删除，隐藏起来就好

    B. 克隆体创建之后，其所处的位置与本体一样，因此需要移动克隆体的位置，以正确显示在舞台上

    C. 克隆体与本体是一个角色的多种造型

    D. 克隆体与本体一模一样，因此对克隆体的编码也会同时作用于本体

二、简答题

1. 简述克隆功能的作用。

2. 简述运用克隆功能进行程序设计的一般步骤。

3. 运用克隆功能编写程序，如何模拟发射子弹的效果？

4. 运用克隆功能实现绘图效果，如何在舞台上绘制出正弦曲线？

第 9 章
Scratch音乐功能应用

▶ **本章学习目标**

- 掌握 Scratch 中的声音功能的用法

- 学会设置声音的音量和音调的方法

- 掌握扩展的音乐功能的用法

- 能够熟练编制出简单的乐曲

- 培养用户运用声音和音乐功能进行创意程序开发的思维能力

9.1 声音播放与控制

Scratch 是面向角色或背景编程的，它不仅可以对角色或背景编制代码以实现特定效果，还可以设置角色或背景的造型。除此之外，Scratch 还提供了丰富的声音功能，运用 Scratch 的声音功能，能够设计出许多有趣的效果。

9.1.1 功能介绍与模块认识

1. 声音功能介绍

（1）运用 Scratch 的声音功能，可以为角色或背景配置声音效果，包括声音来源的选择、声音播放效果的设置等。

（2）声音效果的设置包括声音的播放方式、音量大小的设置及音调的设置等。

2. 声音模块认识

（1）声音模块启动：在 Scratch 3.4 的初始界面中，单击"代码区"的"声音"功能选项 可以启动声音模块。

（2）模块功能介绍："声音"模块中各积木的功能如图 9.1 所示。

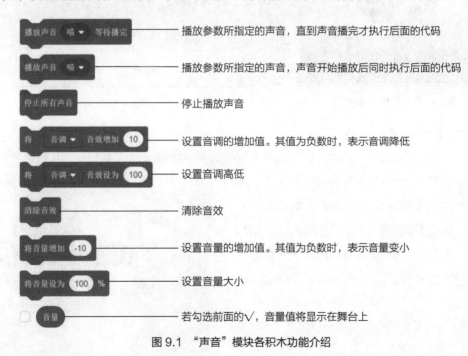

图 9.1 "声音"模块各积木功能介绍

9.1.2 要点详解

（1）"音量"是指人耳对所听到的声音大小强弱的主观感受。在 Scratch 中音量设置的取值范围为 0 ~ 100。当音量为 0 时，表示静音。当输入的音量值小于 0 时，Scratch 将音量值视为 0；当输入的音量值超过 100 时，Scratch 将音量值视为 100。

（2）"音调"是指声音频率的高低，它是声音的 3 个主要属性（即音量、音调、音色）之一。音调主要由声音的频率决定，同时也与声音的强度有关。一般来说，音调高，声音轻、短、细；音调低，声音重、长、粗。

（3）"播放声音（）等待播完"与"播放声音（）"的区别在于：第一条积木等待声音播放结束后，再继续执行后面的代码；而第二条积木在声音播放开始时，会立刻继续执行后面的代码。

9.1.3 方法预热

本节用声音积木模拟马嘶叫一声后，从近处向远处奔跑的声音。案例效果如图 9.2 所示。

此案例的背景为本地上传的"大草原"图片，角色采用"Unicorn Running"角色。选定角色后，切换至声音区，可以看到角色自带了"Magic Spell"的声音，因为该声音不是我们想要的声音，可将其删除后单击声音区下方的"选择一个声音"按钮，在系统自带的声音库"动物"栏目下找到"Horse"和"Gallop"声音，如图 9.3 所示。

图 9.2 马奔跑效果图

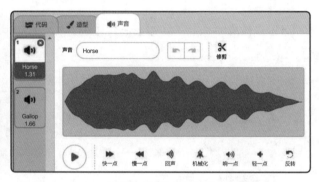

图 9.3 马的声音设置

具体实现方法：首先运用"播放声音（Horse）等待播完"积木播放马嘶叫的声音，然后运用"播放声音 (Gallop)"积木模拟马奔跑时"嗒嗒嗒"的声音。为了模拟马持续奔跑的声音，可将"播放声音"积木放在循环控制积木中。此案例使用的两个声音均为 Scratch 自带的声音素材。随着马逐渐跑远，声音会越来越小，直至最终听不到声音。因此，每播放一次马奔跑的声音，就要将音量调低 20。其实现代码如图 9.4 所示。

注意：在"重复执行"积木中若使用"播放声音（）等待播完"积木，则上一次声音播放和下一次声音播放中间会有明显的时间中断，即声音效果不流畅。因此，此处采用"播放声音（）"积木，然后通过调节后面的"等待（）秒"积木，使得声音效果自然过渡，更加逼真。

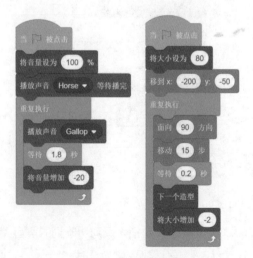

图 9.4 案例实现代码

当马跑远时，不仅声音变小了，肉眼能看到的马的外观也会越来越小。因此，代码中还增加了运动模块代码和外观模块代码，用以循环移动马的位置以及修改马的大小。

9.2　音乐音效编辑与设计

除了声音功能，Scratch 3.4 还提供了扩展的音乐功能。通过音乐功能，用户可以在代码中加入不同乐器的演奏效果，并且可以设置乐器演奏的音符、节拍和速度等。音乐功能与声音功能不同，声音功能是已经做好的声音或音乐效果，我们只要在代码的恰当位置播放就行了，而音乐功能允许用户自行编制出符合应用需求的、丰富多样的歌曲或音乐片段。

9.2.1　功能介绍与模块认识

1. 音乐功能介绍

（1）运用 Scratch 的音乐功能，在程序中实现演奏乐器、敲锣打鼓的效果。

（2）Scratch 的音乐功能丰富了程序设计，使用户能够设计出更真实的效果，达到声音、图像、动画相统一的目的。

2. 音乐模块认识

在 Scratch 3.4 中，要启动音乐模块，需要先单击模块类型下方的"扩展模块"按钮，再在弹出的"选择一个扩展"对话框中选择第一个扩展模块"音乐"，如图 9.5 所示，这样，在原来的模块类型下方就添加了一个"音乐"类型，如图 9.6 所示。

图 9.5　选择扩展功能

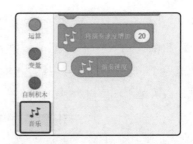

图 9.6　"音乐"类型

"音乐"类型中各积木的功能如图 9.7 所示。

其中，"演奏音符（　）（　）拍"积木中的第一个参数代表音乐中的音符，单击后会弹出图 9.8 所示的音符供用户选择，单击相应音符可以听到所选乐器演奏该音符的声音效果。Scratch 提供了比较完善的音符设置功能，单击向左或向右的箭头，还可以选择低音或高音音符。

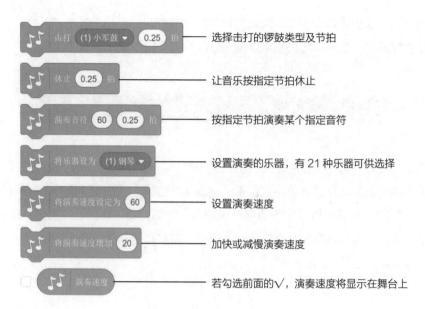

图 9.7 "音乐"功能积木介绍

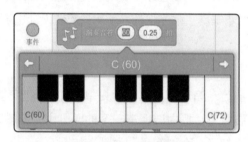

图 9.8 音符、节拍的设置

9.2.2 要点详解

（1）在 Scratch 中，关于音符的设置是用数字来代替的。如我们通常所说的"do""re""mi""fa""sol""la""si"分别对应的数字是 60、62、64、65、67、69、71。具体详见表 9.1。当然，用户并不需要专门去记这些数字和音符的对应关系，单击音符参数进行选择就可以，单击相应音符还可以进行试听。

表 9.1 音乐简谱与 Scratch 值的对应关系

数字	简谱	音阶	Scratch 值
1	do	C	60
2	re	D	62
3	mi	E	64
4	fa	F	65
5	sol	G	67
6	la	A	69
7	si	B	71

（2）音符的设置：音符设置的取值范围为 0 ～ 130，0 代表最低音，130 代表最高音。当音符设置小于 0 时，视为 0；当音符设置大于 130 时，视为 130。

（3）节拍的设置：数字"1"代表 1 拍，"0.5"代表半拍，"0.25"代表 1/4 拍。

9.2.3 方法预热

程序运行时，循环播放歌曲《小星星》。具体实现方法如下：首先选择"钢琴"作为演奏乐器，然后根据乐谱依次拖动"演奏音符（ ）（ ）拍"积木到代码区，为了让歌曲循环播放，可将全部"演奏音符（ ）（ ）拍"积木放到循环控制积木中。歌曲《小星星》的乐谱如图 9.9 所示，具体实现代码如图 9.10 所示。

图 9.9 歌曲《小星星》部分乐谱

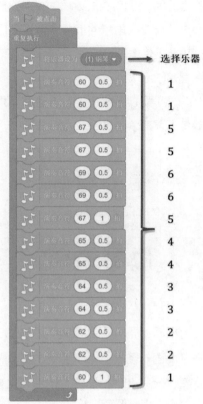

图 9.10 案例实现代码

9.3 音效程序案例 1——乐曲制作

9.3.1 目标任务描述

（1）剧本：运行程序，程序自动演奏儿歌《两只老虎》的部分片段。

（2）舞台：两只老虎的图像。

（3）角色：两只老虎的字样。

（4）学习重点：音乐功能的应用。

程序运行效果如图 9.11 所示。

9.3.2 实验步骤

1. 准备工作

（1）运用"上传背景"功能导入图片"bg.jpg"作为背景。本案例中的背景图片为两只老虎的图像。

（2）运用"上传角色"功能导入图片"t1.jpg"

图 9.11 乐曲制作——《两只老虎》

作为角色。图片"t1.jpg"的内容为文字"两只老虎"。为了体现欢快活泼的动画效果，本案例通过不断变换角色的造型来体现动态效果。单击 t1 角色，切换到造型选项卡中，通过上传造型功能上传图片"t2.jpg"作为角色 t1 的第 2 个造型。程序运行时，两个造型不断切换（两个造型如图 9.12 所示）。

（3）切换至代码区，准备编写角色 t1 的代码。为了编制出儿歌《两只老虎》的乐曲，需要先弄清楚歌曲的乐谱，如图 9.13 所示。

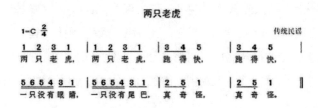

图 9.12　角色的两种造型　　　　　　　　　　图 9.13　《两只老虎》乐谱

根据上面的乐谱，整理出儿歌的音符及节拍对应的值，如表 9.2 所示。乐理知识中，在音符下面画一条横线，表示减半拍；画两条横线，表示再减半拍，即 1/4 拍。例如，**1 2** 表示音符"do"和"re"各占半拍，**5 6 5 4** 表示每个音符各占 1/4 拍。像**5**这样在音符下面加一个点，表示低音音符。

表 9.2　　　　　　　　　　《两只老虎》乐谱的部分音符与节拍值

数字	音符	节拍
1	60	0.5
2	62	0.5
3	64	0.5
1	60	0.5
1	60	0.5
2	62	0.5
3	64	0.5
1	60	0.5
3	64	0.5
4	65	0.5
5	67	1
3	64	0.5
4	65	0.5
5	67	1

2. 代码编写

本案例只演奏儿歌的前半部分，案例代码主要分为 3 个部分：钢琴演奏、击打康加鼓和变换角色造型。具体程序代码如图 9.14 所示。

3. 案例总结

运用 Scratch 中的"音乐"积木编制歌曲的一般步骤如下。

（1）指定演奏的乐器。Scratch 提供了 21 种乐器的演奏效果供用户选择，可以设置的锣鼓声共有 18 种。

（2）设置演奏音符。可设置演奏某个音符多少拍。

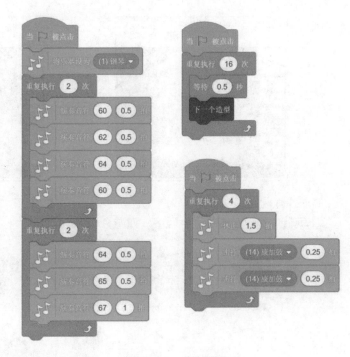

图 9.14　案例代码

（3）必要时，可以在程序的恰当位置加入休止符。

（4）调整演奏速度。

9.3.3　案例要点分析及扩展应用

（1）此案例的设计要点在于读懂儿歌《两只老虎》的乐谱，然后不断运用"演奏音符（ ）（ ）拍"积木构造出歌曲片段。案例的难点在于音符和节拍的设置。

（2）参考以上案例，根据图 9.13 所给的乐谱，补充完整儿歌。

9.4　音效程序案例 2——小乐师

9.4.1　目标任务描述

（1）剧本：用户可以选择舞台左边的任意乐器角色进行演奏，选好后舞台上会出现相应的表演者。当用户按键盘上的数字键（对应音乐简谱中的 1、2、3、4、5、6、7）时，程序会根据所选的乐器角色演奏出相应的音乐。

（2）舞台：外部图片"舞台 .jpg"。

（3）角色：钢琴、吉他、笛子、合唱、钢琴师、吉他手、长笛手、合唱团、选择乐器。

（4）学习重点：运用键盘控制音符演奏。

程序效果如图 9.15 所示。

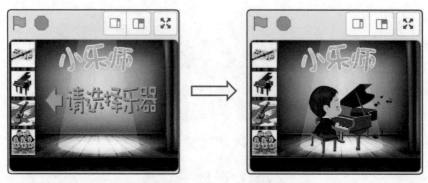

图 9.15 "小乐师"案例效果

本案例中需要上传的图片较多，如图 9.16 所示。

图 9.16 本案例需要上传的图片

9.4.2 实验步骤

1. 准备工作

（1）上传图片"舞台 .jpg"作为背景图片。

（2）依次上传图片"笛子 .jpg""钢琴 .jpg""吉他 .jpg"和"合唱 .jpg"作为角色（本节统称为乐器角色），并将角色设为合适大小后，放置在舞台的左边。

（3）依次上传图片"长笛手 .png""钢琴师 .png""吉他手 .png"和"合唱团 .png"作为角色（本节统称为表演角色），并移动角色到舞台的中间位置。

（4）上传图片"选择乐器 .png"作为角色。

2. 案例分析与代码编写

（1）无论选择何种乐器，其演奏的音符都是对应键盘上的数字键的，也就是说按键盘上的相同按键，程序将演奏相同的音符，只是不同乐器的音效不同而已。因此，对 4 种乐器角色编制的代码只是发出广播消息，演奏音符的代码由某个接收消息的角色来处理。

（2）4 种乐器角色代码如图 9.17 所示。

图 9.17　4 种乐器角色代码

（3）当单击选中某乐器后，相应的表演角色就会出现在舞台上。以"长笛手"表演角色为例，具体代码如图 9.18 所示。其他表演角色代码与此类似。

图 9.18　"长笛手"表演角色代码

（4）"选择乐器"角色负责接收乐器角色发来的消息并作出响应，具体代码如图 9.19 所示。该角色只在初始时显示，当单击选中某种乐器后，该角色将会隐藏起来，同时将乐器设置为前面选中的类型。这里只设置了"do""re""mi""fa""sol""la""si"7 个音符，分别对应键盘上的数字键 1 ~ 7。

图 9.19　"选择乐器"角色代码

需要说明的是，当程序中多个角色的执行代码基本相同时，为避免代码的重复编写，可以将代码设置到另外一个单独的角色中，这些角色只负责广播消息，然后由那个单独的角色接收消息并处理消息，执行相应代码。这样，相同的代码只需编写一次。此案例的 4 种乐器角色只负责广播消息，然后由"选择乐器"角色处理消息并执行代码。这里的做法与第 8 章的案例有异曲同工之处。当然，如果不想创建一个额外的角色，也可以直接把代码设置在背景中，背景也同样可以接收消息并执行代码。

9.4.3　案例要点分析及扩展应用

（1）创建角色时，如果是通过上传图片作为角色的，应注意图片的类型。此案例上传的 4 张表演角色的图片"长笛手 .png""钢琴师 .png""吉他手 .png"和"合唱班 .png"的类型都是 PNG 格式的，因为只有 PNG 图片，背景才是透明的，方便显示在舞台上。

（2）此案例设置了 1 ~ 7 共 7 个音符，无法演奏低音或高音音符。请读者尝试修改案例，使得程序可以演奏更加美妙的乐曲。

（3）参考上面的案例，尝试将"选择乐器"角色的代码放到背景中，对比两种做法，你认为哪种做法更容易理解？

课后习题

一、选择题

1. 关于声音的使用，以下错误的是（　　）。

　　A. 通过话筒录音

　　B. 通过上传功能上传本地声音

　　C. 通过 Scratch 的声音素材库选择一个已经存在的声音

　　D. 一次上传多个声音文件

2. 让角色既唱歌又跳舞，应采用（　　）编程手段。

　　A. 重复执行 2 次　　　　　　　　　　B. 采用一个"当角色被点击时"积木

　　C. 将运算结果乘以 2　　　　　　　　D. 采用多个"当绿旗被点击时"积木

3. 下列（　　）不是 Scratch 提供的声音或音乐功能。

　　A. 播放声音　　　　B. 演奏音符　　　　C. 角色说话　　　　D. 敲锣打鼓

4. 关于音量的设置，以下说法错误的是（　　）。

　　A. 设置音量后，若想恢复到原来的音量，直接删除该积木就可以了

B. 取值范围为 0 ~ 100

C. 音量值为 0，表示静音

D. 小于 0 视为 0，大于 100 视为 100

5. 关于"声音"功能，以下说法正确的是（　　）。

A. Scratch 可以识别所有的音频文件格式

B. "停止所有的声音"代码块会立刻停止播放所有的声音

C. "播放声音"代码块必须等到音乐全部播放完毕才能执行后面的代码

D. "播放声音等待播完"代码块在声音开始播放后就立刻执行后面的代码

6. 关于"音乐"功能，以下说法正确的是（　　）。

A. 音乐功能是 Scratch 的默认功能模块，打开 Scratch 就会自动出现在代码区中

B. 音乐功能主要是提供给用户导入音乐文件并对其进行编辑

C. 音乐功能是 Scratch 的扩展功能，主要用于设置演奏乐器、演奏音符、节拍等

D. 音乐模块下包含对演奏音符、演奏速度和演奏音量的设置

7. 下列关于音符值的设置，错误的是（　　）。

A. 0　　　　　　B. 62　　　　　　C. 65　　　　　　D. 150

8. 在 Scratch 的声音设计中，"演奏音符 60"对应 C(do)，下列（　　）语句可以发出中音 G(sol)。

A. 弹奏音符 62　　B. 弹奏音符 64　　C. 弹奏音符 65　　D. 弹奏音符 67

二、简答题

1. 在 Scratch 的扩展模块中，"音乐"模块的功能有哪些？

2. 比较 Scratch 中的"声音"和"音乐"模块，其在功能上和用法上有什么不同？

3. 尝试运用本章介绍的"声音"功能，结合 Scratch 的"运动"模块和"造型"模块，编程实现跳舞的小女孩效果。

4. 运用音乐功能，编程实现完整演奏《小星星》的儿歌。当歌曲的乐谱比较长时，使用的音乐积木就会很长，想一想，有没有办法可以让代码变得简短一些？

Chapter

10

第 10 章
Scratch绘图功能应用

▶ **本章学习目标**

- 认识 Scratch 在程序中的动态绘图功能

- 掌握"画笔"功能的用法

- 熟悉"画笔"颜色及笔触粗细的数值表示方法

- 掌握"图章"功能的用法，熟悉角色中心点的作用

- 培养用户运用绘图功能进行创意程序开发的思维能力

10.1 画笔与图章

Scratch 除了提供角色或背景造型的编辑功能外，还可以在程序中实现动态的画笔和图案生成，即具有临时的绘图功能，这些绘图功能主要体现于"扩展模块"的"画笔"功能组中。"画笔"功能组主要包括了"画笔"和"图章"功能。应用中，"画笔"功能可以结合数学方法绘制特别的几何图案，"画笔"功能和"图章"功能也经常结合其他功能模块一起使用，为作品带来极大的视觉表现力和趣味性。

10.1.1 功能介绍与模块认识

1. 绘图功能介绍

（1）"画笔"可以理解为一支自由的笔，"画笔"使用者可以自主设置"画笔"的颜色、粗细和亮度，以便在舞台上进行自由创作。

（2）"图章"：用户可以将角色设置为图章（该功能类似"印章"），让角色对象在当前舞台位置上留下一个一模一样的"倩影"。

（3）无论"画笔"还是"图章"，一旦在舞台上留下笔迹，这些笔迹在程序结束前不能移动也不会消失，除非使用"全部删除"功能一次性清除舞台上的全部笔迹。

2. 绘图模块认识

（1）绘图模块启动

要在 Scratch 3.4 中启动绘图模块，需要先单击模块类型下方的"扩展模块"按钮 ，再在弹出的"选择一个扩展"对话框中选择扩展模块"画笔"，如图 10.1 所示，这样，在原来的模块类型下方就添加了一个"画笔"类型，如图 10.2 所示。

图 10.1 选择画笔扩展模板

图 10.2 "画笔"类型

（2）模块功能介绍

"画笔"类型中各积木的功能如图 10.3 所示。

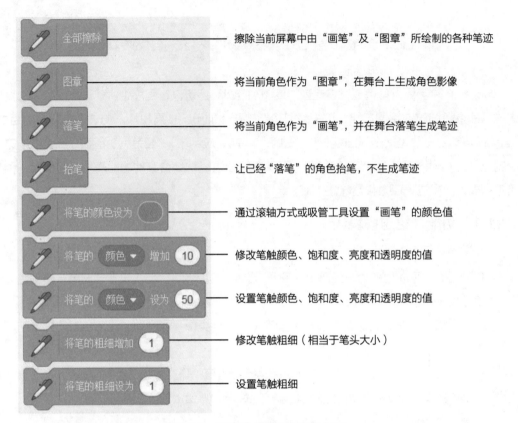

图 10.3 "画笔"类型积木功能介绍

10.1.2 要点详解

画笔积木中颜色、饱和度、亮度和透明度等各种值的表示意义和范围如下。

（1）颜色值范围：0～100，各种颜色参考值为红（0）→橙（12）→黄（16）→青（20）→绿（23）→靛（50）→蓝（65）→紫（80）→红（100）。其中，颜色值 0 与 100 一样表示红色，也就是颜色首尾相连形成一个环，如果输入大于 100 或小于 0 的数值，一样能够找到对应的颜色，如 -20 为紫色，相当于 80；120 为青色，相当于 20。

（2）饱和度范围：0～100，0 表示色彩含量最少，100 表示色彩含量最高，小于 0 的值视为 0，大于 100 的值视为 100。

（3）亮度值范围：0～100，0 表示亮度最低，任何色调的颜色当亮度值为 0 时均为黑色，100 表示亮度最高。当亮度值及饱和度均设为 100 时，所选颜色为最明亮、鲜艳的颜色。值小于 0 时视为 0，大于 100 时视为 100。

（4）透明度范围：0～100，0 表示完全不透明，100 表示完全透明，小于 0 的值视为 0，大于 100 的值视为 100。

（5）笔的粗细范围：Scratch 的笔触形状是圆形的，大小指的是直径大小，其单位是"步"，即像素。Scratch 3.4 笔触粗细的最小值是 1，没有限定最大值，粗细小于 1 时也都视为 1。

10.1.3 方法预热

1. 画圆圈

下面用画 36 边形的方法来模拟画圆。具体方法如下：缩小角色大小，用代码设置角色位置及方向，清除屏幕，对"画笔"进行初始化并落笔，循环 36 次，每次角色右转 10°且移动 20 步。画圆圈的方法及效果如图 10.4 所示。

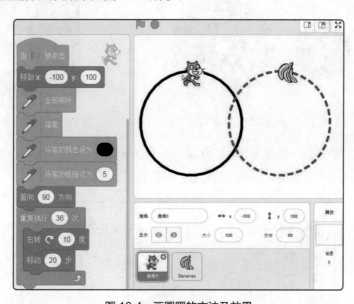

图 10.4 画圆圈的方法及效果

画圆圈的原理：每次让对象旋转一个角度，使对象的面向角度发生改变，旋转后朝着对象的面向角度移动一定步数，如图 10.5 所示。当所有的旋转角总和为 360 时，就完成了闭合多边形的绘制。若每次的旋转角较小，则所得到的多边形边数较多，如 10°36 边，此时多边形接近于一个圆形。每次所走的步数多少可以决定圆圈的直径大小。

在"重复执行（）次"积木中，轮流使用提笔和落笔，可以绘制虚线图形，图 10.4 中右侧蓝色虚线圆圈的程序方法如图 10.6 所示。

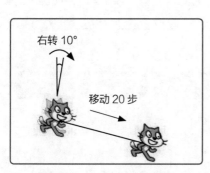

图 10.5 对象的旋转及移动

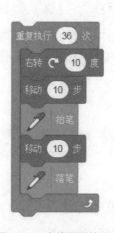

图 10.6 虚线圆圈的程序

2. "图章"的旋转效果

图 10.7 所示为"Cat"角色在循环中使用旋转和图章的两种不同屏幕效果，但它们都是运行了同一段程序，如图 10.8 所示。产生不同旋转效果的原因是，第一个图中角色的中心点在角色的正中心，第二个图中对角的中心在角色的下方。

图 10.7　对象的两种旋转图章效果

图 10.8　旋转图章效果

默认的角色的中心点一般位于角色的正中心，但这些位置关系可以修改，上述案例的第 2 个效果图就是修改了中心点相对于角色的位置，修改方法如图 10.9 所示。

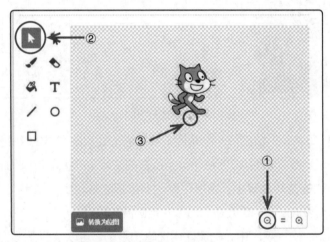

图 10.9　修改角色与中心点的关系

图 10.9 中，①②③分别表示如下。

① 单击造型区右下角的"缩小"按钮可以缩小角色的显示比例（该操作不会改变角色的大小）。

② 使用左上角的"选择"工具框选整个角色并上向拖动，直至角色中心点在下方出现。

③ 灰色的"⊕"可标记角色的中心点，中心点一般位于造型区的正中心。

10.2　创意绘图程序案例 1——三角形线框图

10.2.1　目标任务描述

（1）剧本：让程序自动绘制图 10.10 所示的彩色的三角形线框图。具体描述为，当边长为 1 时开始绘制三角形，每绘制下一条边时长度加 1、旋转 121°且颜色值加 1，直至边长为 300 时停止绘制。

（2）舞台：默认白色背景。

（3）角色：标题文本角色、一个实心小圆点角色。

（4）学习重点：画笔工具的应用。

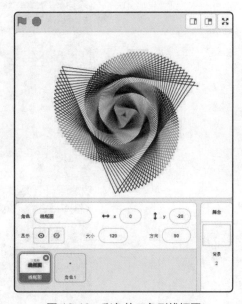

图 10.10　彩色的三角形线框图

10.2.2　实验步骤

1. 标题文本角色设计

（1）插入文本角色"三角形线框图"，角色图标及造型如图 10.11 所示，令其显示 2 秒后隐藏，广播"开始"以开始线框图的绘制。

（2）为其构建图 10.12 所示的程序脚本，实现显示 2 秒后广播"开始"的功能。

图 10.11　插入文本角色

图 10.12　标题脚本

2. 实心小圆点角色的造型及脚本设计

（1）创建并绘制第二个角色——一个实心小圆点。角色造型如图 10.13 所示，令其收到广播"开始"后在指定位置（x=0，y=0）处绘制三角形线框图。

（2）为其构建图 10.14 所示的程序脚本，实现接收到"开始"就绘图的功能。

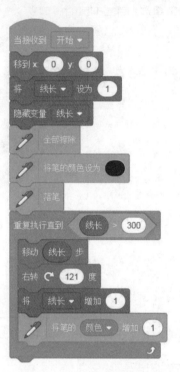

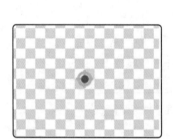

图 10.13　小圆点角色　　　　　图 10.14　"小圆点"的脚本

10.2.3　案例要点分析及扩展应用

（1）程序中运用了"画笔"或"图章"后，在舞台上留下的笔迹（或印章）不会因为更换舞台背景而自动消失。用户即使单击"小绿旗"重新运行程序，上一次程序中绘制的笔迹（或印章）依然会存在。因此，当程序中需要使用这两种工具时，在程序开始时最好使用一次"全部清除"积木，这样可以把上一次程序中留下的所有笔迹先全部擦除。

（2）参考以上案例，尝试绘制四边形和五边形线框图。

10.3　创意绘图程序案例 2——能对称画图的笔

10.3.1　目标任务描述

（1）剧本：鼠标使用画笔绘制图形时系统会自动克隆另一支笔绘制对称的图形，如图 10.15所示。具体描述为，单击"小绿旗"启动程序，清空屏幕并将画笔置于舞台中间，按下"空格"键即可开始绘画，一支画笔（右笔）跟随鼠标绘制彩色线条，同时系统生成另一支画笔（左笔），并自动绘制与右笔所画图形相对称的图形，使舞台上出现左右对称的图案。当单击鼠标左键时，停止绘图。

（2）舞台：默认白色舞台。

（3）角色：一支铅笔。

（4）学习重点：画笔及克隆功能的应用。

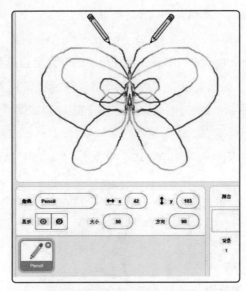

图 10.15　能对称画图的笔

10.3.2　实验步骤

1. 画笔角色的两个造型设计

（1）插入系统角色"Pencil"，打开其造型区，在左上角造型缩略图第 1 个造型"pencil-a"上方单击鼠标右键，如图 10.16 所示，选择"复制"以生成相同的造型"pencil-a2"。

（2）在"pencil-a2"造型编辑窗口中先用选择工具框选整支笔，再选择上方的"水平翻转"按钮让画笔左右翻转，最后移动画笔，令其笔尖位于中心点上，如图 10.17 所示。

图 10.16　复制造型

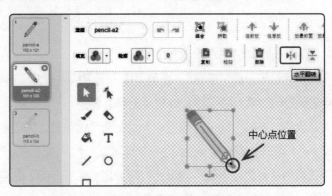

图 10.17　水平翻转并移动造型至笔尖在中心点上

（3）同样修改"pencil-a"造型令其笔尖位于中心点上。

2. 画笔角色的脚本设计

（1）为画笔角色"Pencil"设计程序脚本，如图 10.18 所示左上角的程序段。实现的具体功能为：单击"小绿旗"时启动程序，清除屏幕笔迹并令画笔造型为造型 1"pencil-a"。

（2）图 10.18 所示右上角的程序段可实现："当按下空格键"即可进入绘画状态，即画笔角色"克隆自己"，笔触粗细为 2，画笔会一直跟随鼠标直到单击鼠标停止程序。在绘画的过程中画笔的颜色值不断增加 2，即绘画的线条会不断变颜色。

（3）为克隆体设计程序脚本，如图 10.18 所示左下角的程序段。实现的具体功能为：当克隆体启动时，以造型 2"pencil-a2"出现，笔触粗细同样为 2 且落笔，该克隆画笔将一直处于绘画状态直至单击鼠标。绘画时笔头位置 x 的值为（0- 鼠标的 x 坐标）、y 的值为鼠标的 y 坐标，即一直处于鼠标水平镜像的位置，这样画出的图就与本体"pencil-a"的图案水平对称了。单击鼠标即可删除该克隆体。

以上 3 块程序段都是在同一画笔角色脚本区完成的，即都是"Pencil"角色的脚本。

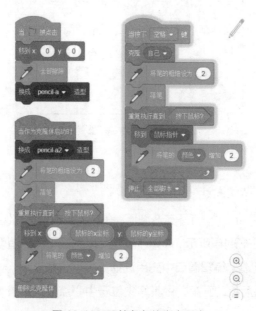

图 10.18　画笔角色的脚本程序

10.3.3　案例要点分析及扩展应用

（1）当角色已经设置"落笔"，在重复执行的结构中设置"移到鼠标指针"，此时角色相当于一支随鼠标移动的笔，鼠标移到哪里就画到哪里。

（2）克隆体"左笔"的位置是相对于"右笔"对称的，即相对于鼠标位置对称，对称轴是 y 轴 ($x=0$)，所以在其重复执行的结构中令其移到 $x=0-$ 鼠标的 x 坐标、$y=$ 鼠标的 y 坐标。

（3）在该例基础上，你能不能设计对称轴是 x 轴 ($y=0$) 的克隆笔，甚至设计多支各向对称的克隆笔，并以此创作多向对称的创意图案。

10.4　创意绘图程序案例3——万花筒

10.4.1　目标任务描述

（1）剧本：创建并绘制不同的花瓣，运用旋转图章的方法生成各种各样的花朵，制作"万花筒"效果，如图 10.19 所示。

（2）舞台：默认白色背景。

（3）角色：自由绘制的各种花瓣。

（4）学习重点：旋转运动与图章功能的结合应用。

10.4.2　实验步骤

1. 准备工作

（1）自由创建多个花瓣角色，如图 10.20 所示，创建方法不限，可以运用"角色绘制"功能，也可以使用 Windows 画图软件、PowerPoint 绘图或 Photoshop 绘图，令各角色的中心点在角色下方，即接近"花心"的位置。

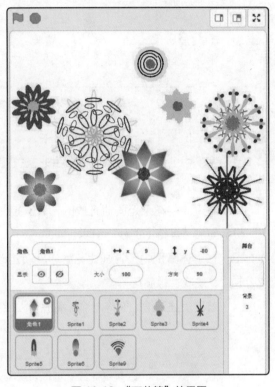

图 10.19　"万花筒"效果图

图 10.20　自由创建多个花瓣角色

（2）设置各"花瓣"大小并放置于屏幕各个位置，如图 10.21 所示。

2. 实现各种"花瓣"的程序脚本

（1）实现第一个"花瓣"的程序脚本，如图 10.22 所示，其中，重复执行 8 次，每次旋转 45°，表示该花瓣将旋转 8 次生成对称的 8 瓣。循环中"等待 0.1 秒"用于设置时间延迟，让花朵产生逐渐绽放的动态效果。

（2）将第一个"花瓣"的程序代码模型复制至其他花瓣角色中。修改个别"花瓣"旋转的参数，如重复执行 6 次，每次旋转 60°，生成 1 朵 6 瓣的花；重复执行 12 次，每次旋转 30°，生成 1 朵 12 瓣的花。

161

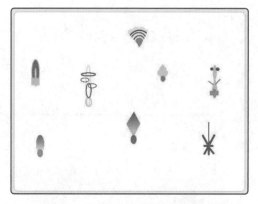

图 10.21 调整各个花瓣在舞台上的位置　　　图 10.22 第一个"花瓣"的代码

10.4.3 案例要点分析及扩展应用

（1）案例中各角色的中心点位置是非常关键的，同一花瓣不同位置的中心点将产生不同的"绽放"效果。

（2）案例中的花朵是同时开放的，若需控制开花的先后顺序，可在各脚本"重复执行（　）次"积木前加"等待（　）秒"积木。

（3）在上述案例中，尝试让花瓣边旋转边改变颜色，生成"七彩花"；或尝试让花瓣边旋转边放大，生成"螺旋花"。

（4）参考上述方法，制作一个彩虹片段、结合旋转和图章功能，生成一半圆弧形彩虹。

10.5 创意绘图程序案例 4——神奇南瓜园

10.5.1 目标任务描述

（1）剧本：南瓜园右下角有一朵花和一个南瓜，右上角天空中有一颗星星，单击花朵将遍地生成各色花，单击南瓜将随机生成许多南瓜，单击星星变换成夜晚背景，且在天空中闪现许多大小不一的小星星。案例效果如图 10.23 所示。

（2）舞台："白天"和"夜晚"两个舞台背景。

（3）角色：一朵花，一个南瓜，一颗星星。

（4）学习重点：图章与其他功能模块的综合运用。

图 10.23 "神奇南瓜园"案例效果

162

10.5.2 实验步骤

1. 准备工作

（1）通过"上传背景"功能，将图片"白天.jpg"和"夜晚.jpg"分别作为两个舞台背景"白天"和"夜晚"，如图 10.24 所示。

（2）通过"上传角色"功能，将"花.png""南瓜.png"和"星星.png"（见图 10.25），分别作为三个角色"花""南瓜"和"星星"。

图 10.24 "白天"和"夜晚"两个舞台背景

花.png 　　　　南瓜.png 　　　　星星.png

图 10.25 花、南瓜和星星三个角色

2. 角色"花"的功能实现

将角色"花"移动至舞台 $x=82$、$y=-130$ 的位置并实现程序功能，其具体功能包含两段程序。

（1）单击"小绿旗"，擦除舞台上的所有"笔迹"，并把背景设置成"白天"。

（2）当角色被单击时，除了擦除舞台上的所有"笔迹"以及设置"白天"背景外，还可以让角色"花"作为一个"图章"，在舞台下半部分的任意位置（x 的值为 $-240 \sim 240$、y 的值为 $-180 \sim 0$），以一定的大小范围（$10 \sim 50$）和不断改变的颜色，生成 30 个随机印章，两个印章的生成之间有 0.2 秒的停顿时间，这样能产生花朵逐个绽放的动态效果。执行完循环 30 次后，角色恢复其原有的大小（100）、颜色（0）和位置（$x=82$、$y=-130$）。具体的两段程序代码如图 10.26 所示。

3. 角色"南瓜"的功能实现

（1）角色"南瓜"的初始放置位置是 $x=185$、$y=-132$，它的程序段与"花"非常相似。

（2）将角色"花"中"当角色被点击"的那段脚本复制到"南瓜"角色中。因为"南瓜"在程序中不需要修改颜色，在复制程序段时删除两块颜色特效的积木，生成 30 个南瓜印章，最后复原角色位置 $x=185$、$y=-132$，角色"南瓜"的脚本如图 10.27 所示。

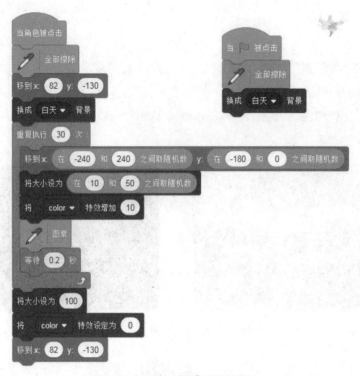

图 10.26　角色"花"的程序脚本

4．角色"星星"的功能实现

（1）角色"星星"的初始放置位置是 $x=191$、$y=117$，它也不需要修改颜色。

（2）将角色"花"中"当角色被点击"的那段脚本复制到"星星"角色中。

（3）在复制代码段中删除两块颜色特效的积木。因为星星是在天空中出现的，即它移到的范围应更改 y 值为"在 30 和 180 之间取随机数"，生成 30 个星星印章后，最后复原角色大小为 100，位置为 $x=191$、$y=117$，角色"星星"的代码如图 10.28 所示。

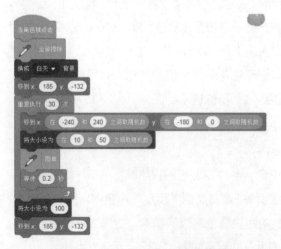

图 10.27　角色"南瓜"的程序分代码

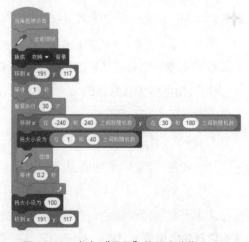

图 10.28　角色"星星"的程序分代码

10.5.3　案例要点分析

（1）案例中各角色的主要功能就是实现被单击时：切换至相应背景；重复执行随机大小和随机位置的图章功能。

（2）注意各角色完成图章功能后要将它们放置回初始位置，以便于再次接受单击。

课后习题

一、选择题

1. 关于 "画笔" 模块的 "全部擦除" 功能，以下说法正确的是（　　）。

　　A. 可以选择擦除当前舞台中 "画笔" 或 "图章" 中的一种图案

　　B. 只能擦除 "画笔" 在 "落笔" 时留下的笔痕

　　C. 只能擦除 "图章" 在舞台中留下的 "印章"

　　D. 只能一次擦除全部 "画笔" 或 "图章" 在舞台中留下的图案

2. 关于画笔笔触的设置，以下说法错误的是（　　）。

　　A. 可以设置颜色值和饱和度　　　　　B. 可以设置亮度和透明度

　　C. 可以设置 RGB 模式或 CYMK 模式　　D. 可以设置笔触粗细值

3. 关于画笔的颜色设置，以下说法正确的是（　　）。

　　A. 不能为负数　　　　　　　　　　　B. 能小于 0 但不能大于 100

　　C. 能小于 0 也能大于 100　　　　　　D. 小于 0 视为等于 0，大于 100 视为 100

4. 关于画笔的透明度设置，以下说法正确的是（　　）。

　　A. 不能为负数　　　　　　　　　　　B. 能大于 100

　　C. 画笔没有透明度设置功能　　　　　D. 小于 0 视为等于 0，大于 100 视为 100

5. 关于 "图章" 功能的用法，以下说法错误的是（　　）。

　　A. 一个角色的 "图章" 功能只能使用一次

　　B. 一个角色使用 "图章" 功能在舞台留下的 "图章" 能够用 "全部擦除" 功能擦除

　　C. 舞台上的角色可以移动，但角色的 "图章" 不能移动

　　D. Scratch 可以让角色产生半透明（虚像）的图章

6. 关于角色中心点的描述，以下说法错误的是（　　）。

　　A. 一个角色的中心点默认位于该角色的正下方位置

　　B. 中心点默认位于造型区的正中心

C. 中心点代表一个角色在舞台上的坐标位置

D. 中心点是角色旋转、缩放的参照点

7. 关于画笔模块，以下说法正确的是（　　）。

A. 在一个角色中使用画笔，当程序中角色造型被放大，则"下笔"后笔触也自动放大

B. 在一个角色中使用图章，当程序中角色造型被放大，则该角色的图章效果也放大

C. 一个角色不能同时使用图章和下笔、抬笔功能

D. 角色克隆体不能使用画笔功能

8. 在 Scratch 中，以下（　　）项是不可操作的。

A. 恢复角色的初始大小 　　　　　　B. 恢复角色的初始颜色

C. 调整角色图案与角色中心点的距离　　D. 移动一个角色图章的位置

二、简答题

1. 在 Scratch 的扩展模块中，"画笔"模块的功能有哪些?

2. 将对象设置为"画笔"和"图案"，在功能上和用法上有什么不同?

3. 尝试运用本章"画笔"功能，结合 Scratch "运算"类型中 sin 函数积木和 cos 函数积木，在舞台上画一条正弦曲线和一条余弦曲线。

4. 想一想，使用"画笔"或"图案"功能，你能为之前已学的程序案例添加一些运行效果吗? 或者还能设计什么样的创意效果程序吗?

第 11 章

Scratch体感功能应用

▶ **本章学习目标**

- 了解什么是体感技术
- 了解声音"响度"的功能和作用
- 掌握"声音控制"体感功能的编程方法
- 了解"视频侦测"视频运动与视频方向的作用
- 掌握"视频侦测"体感功能的编程方法

11.1 体感功能简介

体感技术让用户直接使用声音或肢体动作就可以与周边的装置或环境互动，即无须使用任何复杂的控制设备，用户便可身临其境地与计算机程序进行互动。

在 Scratch 2.0 版本之后，Scratch 开始提供了一些体感功能模块的应用，使程序突破鼠标、键盘、游戏手柄等传统输入设备的操作方式，借助摄像头和话筒，通过肢体动作或声音大小的控制来实现与程序的交互。这种交互方式能让参与者调动更多的肢体活动或自由发出声音，从而获得更好的体验乐趣。

11.1.1 功能介绍与模块认识

1. 体感功能介绍

（1）Scratch 体感功能主要分为"声音控制"体感和"视频侦测"体感。

（2）Scratch 的"声音控制"体感主要是对声音音量的侦测，即通过对声音"响度"的侦测实现事件的触发。

（3）Scratch 的"视频侦测"体感采用光学感测原理，通过摄像头来捕获参与者的身体动作的运动参数和方向参数，进而与程序产生交互。

（4）"声音控制"体感需要借助话筒传入声音，"视频侦测"体感需要借助摄像头传入影像。

2."声音控制"体感模块

与"声音控制"体感相关的模块有两种："当响度＞（ ）"和"响度"。前者属于"事件"类模块，后者属于侦测类模块，具体功能介绍如图 11.1 所示。

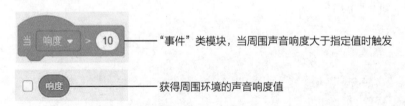

图 11.1 "声音控制"体感模块功能介绍

3."视频侦测"体感模块

"视频侦测"体感需要在"选择一个扩展"对话框中选择"视频侦测模块"（第三块扩展模块），如图 11.2 所示，这样，在原来的模块类型下方就添加了一个"视频侦测"类型的选项。

"声音控制"和"视频侦测"体感模块的功能如图 11.3 所示。

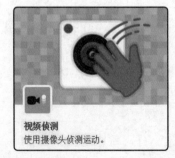

图 11.2 扩展模块中的视频侦测模块

168

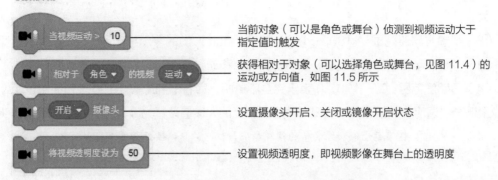

视频侦测

当前对象（可以是角色或舞台）侦测到视频运动大于指定值时触发

获得相对于对象（可以选择角色或舞台，见图 11.4）的运动或方向值，如图 11.5 所示

设置摄像头开启、关闭或镜像开启状态

设置视频透明度，即视频影像在舞台上的透明度

图 11.3 "视频侦测"体感模块功能介绍

值得注意的是，开启了摄像头后，舞台背景就会呈现摄像头影像，影像的清晰度与所设"视频透明度"相关。Scratch 对视频运动及视频方向的侦测主要通过屏幕上影像的光流变化来判定。如果我们使用与舞台背景颜色相接近的物体进行视频侦测，由于颜色相近光流变化不明显，侦测所得的视频运动值和方向值将会明显小于其他物体。另外，视频透明度值的大小也会直接影响摄像头最终捕捉的光流变化。

对于"相对于（ ）的视频（ ）"积木（见图 11.4 ~ 图 11.5），具体选项如下。

（1）"相对于角色"：指的是发生在角色身上的视频光流的侦测。对于当前角色而言，只有它本身出现了光流变化，它才能获得运动值或方向值，其他对象或舞台其他位置上的光流变化对它不产生影响。

（2）"相对于舞台"：只要舞台上有任何光流变化，当前角色都会获得运动值或方向值。

（3）"视频运动"：指光流变化的剧烈程度。

（4）"视频方向"：指光流变化的方向值。

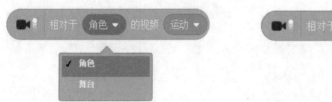

图 11.4 相对于角色或舞台的侦测选项

图 11.5 运动或方向的侦测选项

11.1.2 要点详解

在图 11.3 所示的各种积木中，响度值、视频运动值、视频方向值和透明度的表示意义和范围如下。

（1）响度值范围：0 ~ 100，0 表示侦测不到声音，100 表示所能侦测到的最大音量。对于"当响度 >（ ）"积木，若响值设置为负数或大于 100，是没法被触发启动的，应用中，响度值常设置为 10 ~ 90，大于 90 时难以触发积木。

（2）视频运动值范围：0 ~ 100，影像移动越明显，则侦测到的动作就越大，视频运动值也越大。

（3）视频方向值范围：-180 ~ 180，与 Scratch 方向的表示相一致，即 90 表示影像向右移动，-90 表示影像向左移动，0 表示影像向上移动，180 表示影像向下移动。

（4）透明度范围：0 ~ 100，0 表示完全不透明，即看不到影像，100 表示完全透明，即影像最清晰。透明度数值越高，侦测越灵敏，相反的，该值设置为 0 时则相当于关闭摄像头。

注意：响度值、视频运动值和方向值的侦测结果与机器的具体硬件设备有很大关系，不同机器对这些系数侦测的敏感度会不尽相同，所以设置这些系数临界值时需要多做调试。

11.1.3　方法预热

1．声音体感——闻声起舞

声音体感程序如图 11.6 所示。掌声（或其他声音）响起时，舞蹈者将随着声音翩翩起舞，声音停她也停。

该程序主要运用"响度值"判别方法，当外部声音响度大于 25（可根据实际机器调整该值），舞蹈者切换下一造型。案例中"舞蹈者"是系统中"舞蹈"类的角色"Cassy Dance"，该角色只有 4 种造型，这里通过对各个造型进行复制及对称变换（可参考本书 10.3 节中的角色造型处理方法），为"Cassy Dance"增加 4 个对称造型，即共 8 个造型，如图 11.7 所示。

图 11.6　声音体感程序

图 11.7　增加 4 个对称造型

角色程序如图 11.8 所示，注意"响度值"积木的用法。

2．视频体感 1——推小猫

下面通过一个简单的程序"推小猫"来介绍视频体感程序的搭建方法。建立角色"小猫"的视频运动侦测，当用"手"（即视频中手的影像）去触碰"小猫"并慢慢地向左或向右拨动时，"小猫"会随着手影的方向前进或者后退，如图 11.9 所示，就像用手在推动它走路一样。

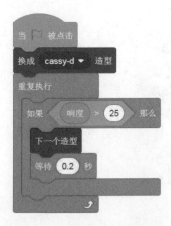

图 11.8 "舞蹈者"的程序脚本

图 11.9 "推小猫"程序

视频侦测程序中,首先要设置侦测环境,所以一般在"当小绿旗被点击"积木下方首先放置"开启摄像头"和"将视频透明度设为（ ）"积木。在本案例中,"小猫"初始位置为舞台中央,重复执行对它自身上的视频侦测,如果运动值大于 10,就依据视频方向移动。使用"移动（ ）步"积木时,当视频方向值为正值时它就向右移动（体现为前进）,为负值时它向左移动（体现为后退）,移动的速度取决于视频的方向值。该案例只有"小猫"一个角色,其程序脚本如图 11.10 所示。

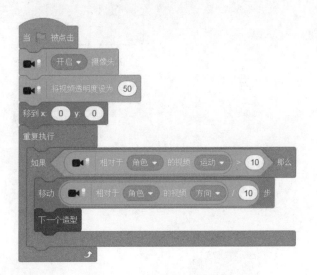

图 11.10 "推小猫"程序脚本

3. 视频体感 2——惊慌的小鱼

下面再介绍一个多角色的视频侦测案例。在本书第 4 章中介绍过一个"海底世界",模拟海底生物自由畅游的案例。这里在该案例基础上增加了视频体感功能:当小鱼感觉到"手"就在它身边时,就会明显加速想要逃离。程序效果如图 11.11 所示。

该案例中有 6 种不同的"小鱼"角色,各种"小鱼"的程序脚本均可通过复制获得,为避免重复执行"开启摄像头"和"设置透明度"的操作,可以将"开启摄像头"和"将视频透明度设为（ ）"积木放置于"背景"的程序脚本中,如图 11.12 所示。各"小鱼"的程序脚本如图 11.13 所示。程序通过重复执行角色的视频运动侦测,如果运动值大于 20,即感受到一定的视频光流,就按"移动 25 步、右转 3 度"的方式实现"快速逃窜",否则按"移动 1 步、右转 1 度"的方式实现"慢慢畅游"。

图 11.11 "惊慌的小鱼"程序效果

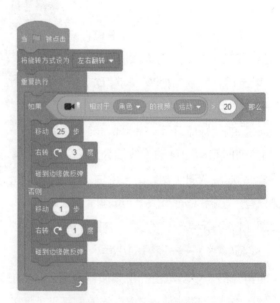

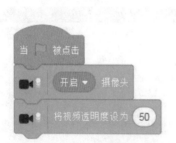

图 11.12 背景的程序脚本

图 11.13 "小鱼"的程序脚本

本例中各"小鱼"只对自己身上的光流变化敏感，被"手"触碰到的才会"快速逃窜"，否则置之泰然。如果想让"小鱼"们敏感起来，只需将程序中"相对于角色的视频运动"换成"相对于舞台的视频运动"，如图 11.14 所示。这样，它们就对整个舞台任何位置的光流变化都敏感起来，"魔爪"一出现在舞台上，所有小鱼都会惊慌逃窜。

图 11.14 相对于舞台的视频运动

11.2 "声音控制"体感程序案例——小狗训练

11.2.1 目标任务描述

（1）剧本: 通过声音来训练小狗跳越障碍物，如图 11.15 所示。小狗不停向前跑，它会遇到跳杆、小凳子、大凳子 3 个障碍物，它们分别会在 2 秒、5 秒和 7 秒后出现。当遇到障碍物时，小狗需要一个声音令它跳起，如图 11.16 所示，声音越大跳得越高，声音越持久跳得越远。如果训练过程中小狗碰到障碍物，则训练失败，3 个障碍物都跳过则训练成功。

（2）舞台: 外部图片"背景 .png"。

（3）角色: 小狗（Dog2），白云，跳杆，矮凳（chair1），高凳（chair2），失败提示文本，通过提示文本。

（4）学习重点: 声音响度应用、多功能模块的综合运用。

图 11.15　小狗训练程序

图 11.16　小狗听到声响时跳起

11.2.2 实验步骤

1. 准备工作

导入本例所用舞台背景"背景 .png"和全部角色:"Dog2"（大小为 75）、"白云""跳杆""chair1""chair2""通过"和"失败"。其中，"Dog2"为系统角色，"跳杆"为绘制角色，是一个黄色的矩形，如图 11.17 所示，其他图片均来源于外部的 .png 图像，如图 11.18 所示。

chair1.png chair2.png 白云.png 背景.png 失败.png 通过.png

图 11.17　绘制"跳杆"　　　　　　图 11.18　"小狗训练"使用图片

2. 小狗角色的脚本设计

小狗角色"Dog2"是本例最重要的角色，它具有 4 个全程的动作任务。

（1）初始化方向和位置，设置为最前层角色，然后不断切换造型，形成"跑步"状态。

（2）当接收到外部声音且响度大于设定值时跳起，否则保留原来的 y 坐标（−100）。

这里设置"响度值"大于 20 时，$y=−100+$"响度值"×2，即跳起的坐标与响度相关，响度越大，跳得越高。

（3）不断判断是否碰到了障碍物（如跳杆、小凳子或大凳子），若是，表示训练失败，切换成"倒下"状态（旋转 180°），广播"fall"。

（4）判断时间已超过 9 秒，即已跳完所有障碍物而程序还没结束，表示训练成功，广播"win"。

以上动作任务中，（1）和（2）程序脚本如图 11.19 所示，（3）和（4）程序脚本如图 11.20 所示。

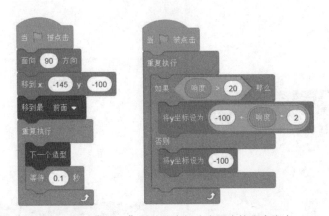

图 11.19　"Dog2"运动状态与响度反应的程序脚本

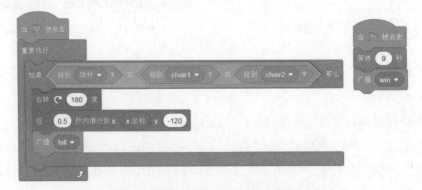

图 11.20　"Dog2"训练失败与成功的程序脚本

174

3．"白云""跳杆""chair1""chair2"等角色的脚本设计

（1）设置角色"白云"重复地从舞台右端滑向左端，每次 20 秒，用以衬托小狗向前奔跑的效果。"白云"程序脚本如图 11.21 所示。

（2）设置角色"跳杆""chair1"和"chair2"出场的代码，"chair1""chair2"出场较慢，所以程序开始后需要先"隐藏"。三者的程序脚本如图 11.22～图 11.24 所示。

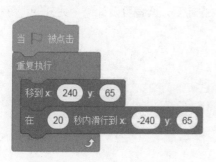

图 11.21 "白云"的程序脚本

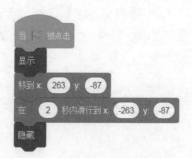

图 11.22 "跳杆"的程序脚本

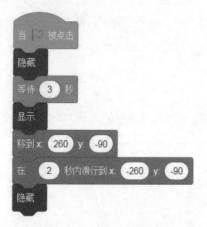

图 11.23 "chair1"程序脚本

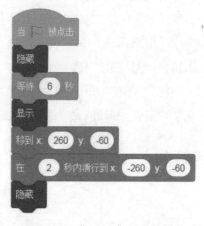

图 11.24 "chair2"的程序脚本

4．设置训练成功与失败的情况

（1）角色"通过"在训练成功时显示，即初始为隐藏状态，收到广播"win"时显示且结束程序。"通过"的程序脚本如图 11.25 所示。

（2）角色"失败"初始同样为隐藏状态，收到广播"fall"时显示且结束程序。"失败"的程序脚本如图 11.26 所示。

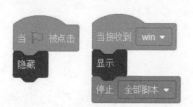

图 11.25 "通过"的程序脚本

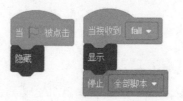

图 11.26 "失败"的程序脚本

11.2.3 案例要点分析及扩展应用

（1）由于设置的原因，各种机器对声音"响度"的敏感度会存在较大的差别，例如在"小狗训练"程序中，这里设置小狗跳起的"响度"阈值是 20。但有些机器对声音敏感，即使参与者没有发声，"响度"也会超过 20，小狗就一直处于"飘着"的状态。此种状况就应提高阈值的设置。

（2）在该案例中，"响度"的大小决定小狗所跳的高度，读者可设计一个另外的训练程序，让小狗依据"响度"的大小分别作出不同的动作。

11.3 "视频侦测"体感程序案例 1——小鱼魔术手

11.3.1 目标任务描述

（1）剧本：舞台中央有一只"小丑鱼"，用"手"在它身上挥动，手影挥动的方向就会变出许多小鱼，小鱼沿着该方向游动。手影挥动的方向可通过一个变量"方向"来体现。案例效果如图 11.27 所示。

（2）舞台：默认白色舞台。

（3）角色：小丑鱼（系统"Fish"角色）。

（4）学习重点：视频侦测、克隆功能的应用，相对于舞台及角色的视频方向值的理解。

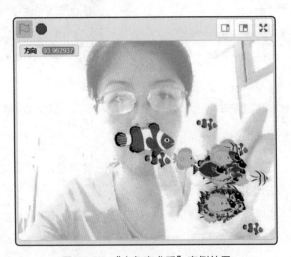

图 11.27 "小鱼魔术手"案例效果

11.3.2 实验步骤

1. 准备工作

导入系统"动物"类角色"Fish"，其默认造型是"小丑鱼"，此外还有 3 个其他小鱼的造型，如图 11.28 所示。

2．实现小丑鱼角色"Fish"的程序脚本

角色"Fish"的程序脚本如图 11.29 所示。"Fish"中主要实现 3 个功能。

（1）角色位置及视频开启状态的设置。

（2）当侦测到视频运动值大于 20 时克隆本体并显示相对于舞台的视频方向值。

（3）当作为克隆体启动时切换随机造型、20 ～ 50 随机大小，面向"舞台视频方向值"游动，直到碰到舞台边缘删除该克隆体。

图 11.28　"Fish"的 4 种造型　　　　图 11.29　"Fish"的程序脚本

11.3.3　案例要点分析及扩展应用

（1）本例中主要使用了"相对于舞台的视频方向"作为角色面向方向，即角色运动方向。由于舞台的空间相对于角色要大得多，手影在舞台上挥动能获得较稳定的光流方向值。所以克隆的"小鱼"们能明显地受到手影的指挥，这从程序所设变量"方向"的值中就可以体现出来：手影向右挥动，方向值偏向 90，小鱼向右游；手影向上挥动，方向值偏向 0，小鱼向上游。

（2）如果本例中将积木"相对于舞台的视频方向"更换成"相对于角色的视频方向"积木，如图 11.30 所示，那么克隆的"小鱼"们的方向感明显变弱，四处游动，如图 11.31 所示。这是因为"角色"面积较小，当它被视频中的手影或人影重叠时，它感受到的光流变化不是倾向某个方向的而是多向的，舞台左上角变量"方向"的值正负变换频繁，所以"小鱼"们也会迷失方向。

（3）在"视频侦测"程序设计中，"视频运动值"和"视频方向值"除了用于侦测判断外，也常常像"推小猫""小鱼魔术手"案例中一样作为角色运动参数或方向参数，这种程序设计的方式令角色更会"察言观色"，会依据参与者动作的大小快慢而随机调整运动，使作品更具体感效应。

图 11.30　改用"相对于角色的视频方向"积木

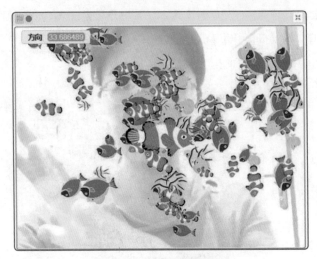

图 11.31　方向感变弱的克隆小鱼

举一个简单的效果案例"跳跳猫"：将一排"小猫"角色放在舞台中线上，每只小猫侦测到视频运动值大于 10 时向上跳，所跳高度为"相对于角色的视频运动"值，代码如图 11.32 所示。程序效果如图 11.33 所示，手影经过时相应小猫随之跳起，手影挥动越剧烈，小猫们跳得越高越欢快。

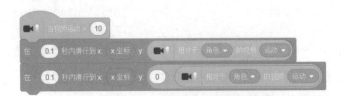

图 11.32　小猫的视频运动响应代码

图 11.33　"跳跳猫"程序效果

11.4 "视频侦测"体感程序案例 2——切水果

11.4.1 目标任务描述

（1）剧本：模拟"水果忍者"游戏，制作一个基于视频侦测的简单的"切水果"体感程序，体验在屏幕前方徒手劈水果的人机交互功能。程序效果如图 11.34 所示。

（2）舞台：外部图片"背景 .png"。

（3）角色：一个西瓜、一个苹果、一个梨和一个李子。

（4）学习重点：角色的视频运动侦测。

图 11.34 "切水果"效果图

11.4.2 实验步骤

1. 准备工作

（1）导入案例所用背景图和 4 个水果角色：西瓜、苹果、梨和李子。所有用图如图 11.35 所示。其中，4 种水果角色均包含 2 个造型，即正常造型和"劈开"造型。

图 11.35 "切水果"外部用图

（2）设置一个变量"分数"，用于记录已切水果的个数。

2. 为背景设置程序脚本

背景的程序脚本如图 11.36 所示，主要实现以下两个功能。

（1）清空"分数"变量、开启摄像头以及设置视频透明度。

179

（2）当侦测到空格键被按下时，关闭摄像头并结束程序。这里是添加程序中断方式，即如果用户不想玩了，随时可按空格键中断游戏。

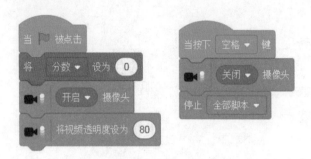

图 11.36 "背景"程序脚本

3. 为"西瓜"角色搭建功能程序

角色"西瓜"的程序脚本如图 11.37 所示，其中两段脚本的功能分别如下。

（1）重复执行：初始造型及出现位置（x 为 −180 ～ 180 的随机值，y 为 120）；以 y 值减 8 的速度下降；如果分数等于 200，关闭摄像头并结束程序。

（2）当侦测到视频运动值大于 80 时切换成"劈开"造型，变量"分数"的值加 1。

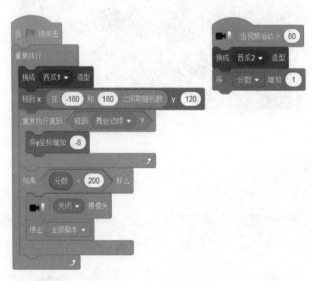

图 11.37 "西瓜"的程序脚本

4. 为其他水果角色搭建功能程序

复制"西瓜"的程序脚本至其他水果角色中，修改其中"换成（ ）造型"积木的参数，将其更正为对应的水果及对应的造型。

11.4.3 案例要点分析及扩展应用

（1）本例设计中，水果对视频运动值的响应阈值是 80，这样可使水果只对明显光流运动响应，避免被舞台上的弱光流"劈开"的情形。

（2）本例中各种水果角色都只有正常造型和"劈开"造型这两个造型。但"劈开"造型均明显带有方向信息，这样当水果被"劈开"时，劈开方向可能会因为与手影方向不一致而产生不自然的视觉效果。想一想，从以下两个方面改进"切水果"程序，使其具有更好的人机交互视觉效果。

① 修改"劈开"造型，使之变成多向"散开"状，消除"劈开"的方向信息。

② 增加更多"劈开"方向的造型，程序增加视频运动方向的侦测，当水果被"劈开"时，依据视频运动方向值切换对应的"劈开"造型。

课后习题

一、选择题

1. 以下（　　）体感参数的数值范围不是 0 ~ 100。

    A. 响度　　　　　　B. 视频运动　　　　　C. 视频方向　　　　　D. 视频透明度

2. Scratch 中与"声音控制"体感功能相关的积木有（　　）。

    A. 1 块　　　　　　B. 2 块　　　　　　C. 3 块　　　　　　D. 4 块

3. 下列不是 Scratch 角色造型的设计方式的是（　　）。

    A. 对着话筒录入声音　　　　　　　　B. 从角色库中选取角色

    C. 在造型区绘制新角色　　　　　　　D. 从本地文件中上传角色

4. 关于视频侦测模块的设备支持，以下说法正确的是（　　）。

    A. 话筒　　　　　　B. 摄像头　　　　　C. 在线网络　　　　D. 以上都需要

5. Scratch 中"视频侦测"的敏感度，会受到（　　）因素的影响。

    A. 视频透明度　　　　　　　　　　　B. 视频影像颜色与舞台背景颜色

    C. 摄像头的质量　　　　　　　　　　D. 以上三项

6. 关于"视频侦测"，以下说法不正确的是（　　）。

    A. 程序开始时需要先开启视频摄像头

    B. 角色感受到"相对于角色"和"相对于舞台"的视频运动值是一样的

    C. 视频影像的颜色与舞台颜色对比度越大，侦测效果越好

    D. 视频透明度设置为 0 时，屏幕不出现视频影像，相当于关闭摄像头效果

7. 关于体感程序，以下说法错误的是（　　）。

　　A. 因为人机交互方式与传统程序不同，所以开发的程序在界面上更需要有操作方法的提示

　　B. 一个体感程序开发完成了，移植到其他机器其体感功能的交互效果是一样的

　　C. 如果程序没有体感功能效果，可能是硬件设备的原因

　　D. 如果程序没有体感功能效果，可能是程序参数不匹配的原因

8. 关于 Scratch 中的"声音控制"体感功能，以下错误的是（　　）。

　　A. 与"视频侦测"一样属于 Scratch 扩展模块中的功能

　　B. 不同计算机可能对外界声音的敏感度不一样，程序响度值设置应经过调试

　　C. 向话筒吹气一样可以获得响度值

　　D. 响度值设为 −10 没法触发启动"当响度 >（　）"积木

二、简答题

1. 什么是体感技术？在 Scratch 中能支持体感技术的积木有哪些？它们能实现什么样的功能？

2. 对于一个角色而言，设置其视频侦测功能时，"相对于角色的视频运动 / 方向"和"相对于舞台的视频运动 / 方向"有什么区别？

3. 通过"闻声起舞"和"小狗训练"程序的学习，你还能设计出什么声音控制体感程序吗？说一说你的程序的创意。

4. 结合第 9 章的 Scratch 音乐功能，运用视频侦测功能，让计算机依据你的手势指挥演奏一段乐曲，你能设计出该程序吗？

第 12 章
文字朗读与翻译功能应用

▶ **本章学习目标**

- 认识 Scratch 扩展模块中的文字朗读和翻译功能

- 了解文字朗读和翻译功能对编程计算机的条件要求

- 掌握文字朗读功能编程方法

- 掌握翻译功能编程方法

12.1 文字朗读与翻译功能介绍

Scratch 自 3.0 版本开始就增加了翻译 (Translation) 和文字朗读 (Text to Speech) 的扩展模块。其翻译功能十分强大，能支持几十种语言（包括中文的相互转换），且翻译的质量非常不错。Scratch 3.0 关于英语的文本朗读非常出色，但不支持中文朗读。而 Scratch 3.4 版本能全面支持中文和其他语言的朗读，既能翻译各国语言文本，又能朗读这些文本。若能将 Scratch 的这两个功能结合前面所学的编程方法，就能创作出既能开口说话、又具备一定"人工智能"的程序了。

值得一提的是，Scratch 还能选择朗读的声音类型，如"中音""男高音""尖细"等。各种声音的语速和发音连贯自然，几乎听不出是机器在朗读。

注意：Scratch 本身并不包含这么强大的文字朗读与翻译功能，用户在使用此类功能积木时需要其网络服务器的支持。也就是说，用户编写和运行有文字朗读或翻译功能的程序时，计算机必须处于连网的状态。

图 12.1 "文字朗读"模块

12.1.1 文字朗读模块

文字朗读功能属于 Scratch 的扩展模块，应用时需要选择"选择一个扩展"对话框中的"文字朗读"模块，如图 12.1 所示，该模块左下角有一个特别提示："系统需求"是在线网络。

1. 模块功能介绍

"文字朗读"模块中包含了 3 种功能积木，功能如图 12.2 所示。

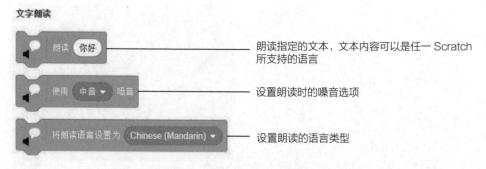

图 12.2 "文字朗读"积木功能介绍

2. 要点详解

（1）"使用（ ）嗓音"积木为用户提供了 5 类声音，如图 12.3 所示。部分朗读语言在 Scratch 3.4 中还不能支持所有嗓音，如"汉语普通话"就没有"男高音"和"巨人"，这两种嗓音被另外两种女音效果代替。

（2）"将朗读语言设置为（ ）"积木用于指定语言类型，如图 12.4 所示，Scratch 3.4 提供了 23 种语言的设置，其中就包括汉语普通话"Chinese(Mandarin)"。

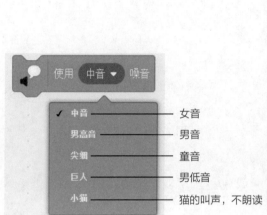

图 12.3 噪音的选择项　　　　　　　　　图 12.4 朗读的语言类型选择

12.1.2 翻译模块

翻译功能也属于 Scratch 的扩展模块，如图 12.5 所示，同样，该模块左下角也有一个特别提示："系统需求"是在线网络。

1. 模块功能介绍

"翻译"模块中包含了 2 种功能积木，如图 12.6 所示。

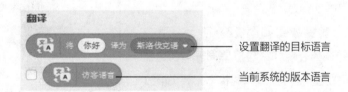

图 12.5 "翻译"模块　　　　　　　图 12.6 "翻译"积木功能介绍

2. 要点详解

（1）"将（ ）译为（ ）"积木中，可以翻译的目标语言共有 48 种，如图 12.7 所示。

（2）"访客语言"积木可以获得当前系统所设置的语言类型。因为在安装 Scratch 之后已将版本设定为"中文（简体）"版，所以这里"访客语言"的值就是"中文（简体）"，如图 12.8 所示。程序中应用该积木，可实现将其他任意语言的文本转换为与当前系统一致的语言文本。

图 12.7 选择翻译的语言类型

图 12.8 "访客语言"积木

12.2 文字朗读程序案例——英语听写课

12.2.1 目标任务描述

（1）剧本：模拟英语单词随机听写。首先录入多个英语单词（最后输入一个 # 来结束输入），这些单词放置在一个列表中，列表的单词进行随机报读，为使所报单词不重复，借助了另一个列表来进行检查，当所有录入的单词均报读完后程序结束。

（2）舞台：外部图片"英语听读课 .png"。

（3）角色："小博士"（doctor）角色。

（4）学习重点：文字朗读、列表用功能的应用。

案例效果如图 12.9 所示，其中"单词列表"和"随机单词表"在这里仅是为了显示所有单词状态和随机报读的顺序，应用时可将该 2 个列表隐藏。

图 12.9 "英语听写课"案例效果

12.2.2 实验步骤

（1）将图 12.10 中的"英语听写课 .png"导入为背景图，将"doctor.png"导入为角色。在代码区"变量"类积木中创建两个变量"单词数"和"当前单词"，两个列表"单词列表"和"随机单词表"。"单词列表"用于表示所有单词，"随机单词表"用于表示已朗读的单词。

doctor.png

英语听写课.png

图 12.10 案例的准备图片

（2）该案例主要动作的功能都是在角色"doctor"中实现的。其程序脚本如图 12.11 所示，脚本功能的具体分析见 12.2.3 节。

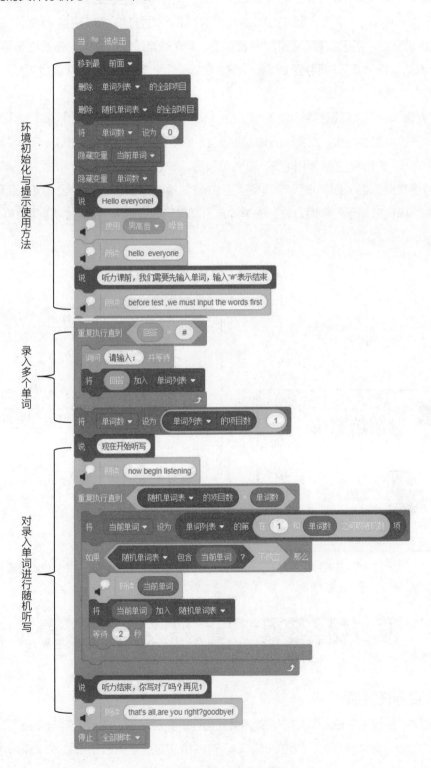

图 12.11 "doctor"的程序脚本

12.2.3　案例要点分析

（1）该案例角色"doctor"主要实现 3 个功能：环境初始化与提示使用方法；录入多个单词；对录入单词进行随机听写。图 12.11 给出了这个 3 个功能的代码范围。其中，"环境初始化与提示使用方法"主要实现了变量、列表清空、朗读嗓音设置、文本和语言提示录入方法。"录入多个单词"通过循环控制将每次录入的单词加入"单词列表"中，如图 12.12 所示，当所录入的单词为"#"时停止录入。

（2）"对录入单词进行随机听写"即实现了"随机听写"，其主要功能是将"单词列表"中的所有单词随机地朗读一次。其实现方法是：每次从"单词列表"中随机抽取一项（"#"除外）作为"当前单词"，判断"随机单词表"是否已包含该单词，即是否已听写过，若没有，则朗读该单词并将其录入至"随机单词表"。再随机抽取"单词列表"一项进行处理，直至"随机单词表"中的单词数等于"单词列表"的单词数，就提示听读结束。该功能段的程序流程如图 12.13 所示。

图 12.12　单词的录入

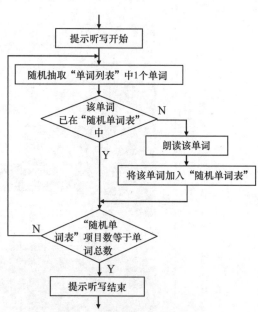

图 12.13　"随机听写"功能的流程图

12.3　翻译功能程序案例——全能翻译家

12.3.1　目标任务描述

（1）剧本：在程序中输入中文句子或词语，实现中文至英语、法语、俄语和日语的任意翻译并朗读的功能。具体表现为："小黄人"提示输入中文句子或词语，如图 12.14 所示，输入完毕后，单击右侧语言类型选择项，可实现输入中文至该语言类型的文本翻译和译文朗读。对各种语言的翻译效果如图 12.15 所示。程序支持多次中文输入及翻译,直至输入的内容为"#"停止程序运行。

(2)舞台:外部图片"背景图 .png"。

(3)角色:小黄人,英语、法语、俄语、日语等 4 个选项图。

(4)学习重点:翻译与文本朗读功能的应用。

图 12.14 "全能翻译家"案例效果

图 12.15 各种语言翻译效果

12.3.2 实验步骤

(1)将图 12.16 中的"背景图 .jpg"导入为程序背景,将"小黄人 .png"导入为角色。使用 Scratch 角色绘制方法制作 4 个语言选项角色:"英语""法语""俄语"和"日语",所有角色列表如图 12.17 所示。

图 12.16　案例的准备图片

图 12.17　案例中的所有角色

（2）实现角色"小黄人"的程序脚本，该案例的主要动作都是由"小黄人"实现的，包括提示输入、根据用户选择的翻译目标语言进行文本翻译和朗读、判断程序结束条件等。其完整的程序脚本包括图 12.18 的代码段和图 12.19 中的代码段。

图 12.18　实现文本输入

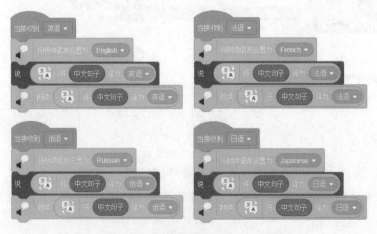

图 12.19　实现目标语言翻译及朗读

其中，图 12.18 程序脚本的实现功能是：文本和语音提示用户输入，将输入存放于变量"中文句子"中，判断输入为"#"时结束程序。图 12.19 的程序脚本的实现功能是：根据接收到的广播信号进行目标语言翻译并朗读。

（3）实现角色"英语""法语""俄语"和"日语"的程序脚本如图 12.20 所示，这 4 个角色的脚本都具有相似的功能：角色被单击时发出相应的广播信号。

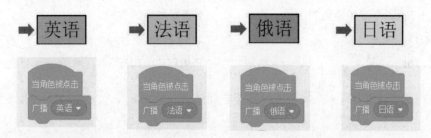

图 12.20　角色"英语""法语""俄语"和"日语"的程序脚本

12.3.3　案例要点分析及扩展应用

（1）在图 12.18 程序脚本中使用了一个循环结构，重复执行直至"回答"="#"，这种处理方法能使程序具有多次输入和多次翻译的功能。

（2）如程序中有多种不同语言要进行朗读，在朗读一种语言之前，要先使用"将朗读语言设置为（ ）"积木对该语言进行设定。

（3）因为程序中要实现"小黄人"对于翻译的外文文本的显示，所以采用了广播 - 接收的编程方式，即"小黄人"接收到哪种翻译目标信号就翻译成该语言，然后执行译文显示及朗读。如果程序仅需实现译文朗读，那么直接在各种"语言"角色的脚本中进行朗读即可。

（4）Scratch 3.4 支持 48 种语言的相互翻译以及 23 种语言的文本朗读，我们在该案例的基础上，可以尝试更多其他语种的翻译和朗读，从而设计出功能更加强大的"翻译专家"。

课后习题

一、选择题

1. 下列（ ）可以设置 Scratch 使用界面的语言。

    A. 文件菜单   B. 编辑菜单

    C. "小地球"菜单   D. 教程菜单

2. 关于文字朗读模块的设备支持，以下说法正确的是（　　）。

　　A. 话筒　　　　　　　　B. 摄像头　　　　　　　C. 在线网络　　　　　　D. 以上都需要

3. 让角色又朗读又跳舞，应采用下列（　　）编程手段。

　　A. 重复执行 2 次　　　　　　　　　　　B. 采用一个"当角色被点击时"

　　C. 不可能实现　　　　　　　　　　　　D. 采用多个"当绿旗被点击时"

4. 关于 Scratch 扩展模块的应用，以下（　　）不需要网络的支持。

　　A. 视频侦测　　　　　　　　　　　　　B. 文字朗读

　　C. 翻译　　　　　　　　　　　　　　　D. LEGO MINDS STORMS EV3

5. 当通过接收键盘输入来实现文字朗读或翻译功能时，下列（　　）积木可以用于接收键盘输入。

　　A. 询问（　）并等待　　　　　　　　　B. 说（　）2 秒

　　C. 连接（　）和（　）　　　　　　　　D. 在（　）之前一致等待

6. 使用 Scratch 朗读功能时，以下会导致不能发音的是（　　）。

　　A. Scratch 版本太低　　　　　　　　　B. 计算机不在网络连接状态

　　C. 设置的朗读语类与文本语类不一致　　D. 以上选项都符合

7. 关于翻译功能模块，以下说法正确的是（　　）。

　　A. Scratch 中能支持翻译的语言都能支持其文本朗读

　　B. "访客语言"就是指"中文（简体）"

　　C. Scratch 不支持意大利语和韩语的翻译

　　D. Scratch 可以将翻译后的译文赋值给一个变量

8. 在 Scratch 文字朗读功能模块中，不存在的积木是（　　）。

　　A. 设置朗读的嗓音　　　　　　　　　　B. 设置朗读的音量

　　C. 设置朗读的语言类型　　　　　　　　D. 执行"朗读"行为

二、简答题

1. Scratch 的扩展模块"文字朗读"和"翻译"功能为什么需要"在线网络"状态？

2. 想一想，在前面我们学习过的案例中，有哪些案例可以运用"文字朗读"功能来增强程序的反馈效果？举例说明你的实现方法。

3. 如果让作品"开口"朗读一段西班牙文本，这个功能将需要用到哪些功能积木？各种积木在程序中是按什么顺序排列的？

4. 想一想，综合使用"文字朗读"和"翻译"功能，你还能设计什么样的有声应用程序？